千古生命史

纪念版

U0188928

逝去的生命

千古生命史

纪念版

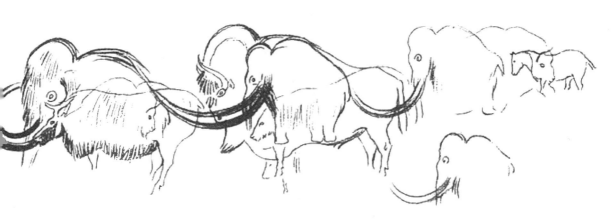

查尔斯·罗伯特·奈特　著

侯艳芳　向梦颖　程锦仪　译

中国科学技术出版社

北　京

图书在版编目（CIP）数据

千古生命史 /（美）查尔斯·罗伯特·奈特著；侯
艳芳，向梦颖，程锦仪译 . — 北京：中国科学技术出版
社，2024.6
书名原文：Life through the Ages
ISBN 978-7-5236-0744-2

Ⅰ . ①千… Ⅱ . ①查… ②侯… ③向… ④程… Ⅲ .
①生物－进化－普及读物 Ⅳ . ① Q11-49

中国国家版本馆 CIP 数据核字（2024）第 095342 号

策划编辑	徐世新	责任编辑	向仁军　马稷坤
封面设计	麦莫瑞文化	版式设计	麦莫瑞文化
责任校对	吕传新	责任印制	李晓霖

出　　版	中国科学技术出版社
发　　行	中国科学技术出版社有限公司
地　　址	北京市海淀区中关村南大街 16 号
邮　　编	100081
发行电话	010-62173865
传　　真	010-62173081
网　　址	http://www.cspbooks.com.cn

开　　本	710mm×1000mm　1/16
字　　数	57 千字
印　　张	5.75
版　　次	2024 年 6 月第 1 版
印　　次	2024 年 6 月第 1 次印刷
印　　刷	北京瑞禾彩色印刷有限公司
书　　号	ISBN 978-7-5236-0744-2/Q·273
定　　价	38.00 元

目录

新版序言
我们这个时代的生命

斯蒂芬·杰伊·古尔德（Stephen Jay Gould）

"亚历山大·阿加西斯（Alexander Agassiz）"

哈佛大学动物学教授

与那些想成为古生物学家的寻常城市小孩一样，我从免费博物馆内展出的恐龙骨骼和公共图书馆的生命史书籍中汲取灵感。美国自然历史博物馆如同我的教堂，对我来说，那里处处是圣人和赞美诗。我清楚地记得亨利·费尔菲尔德·奥斯本（Henry Fairfield Osborn）的雕像。他是美国自然历史博物馆馆长，美国最著名的脊椎动物古生物学家，也是查尔斯·罗伯特·奈特（Charles R. Knight）最重要的粉丝和赞助人。因为经常看到雕像基座上刻印的铭文，我无意间记下了铭文的内容："因为他，干枯的骸骨重获生机，远古巨兽重回世间盛会。"

这段后维多利亚时代腔调的文字现在看可能有点生硬晦涩，但其内容无可辩驳。然而，在这尊雕像上，这些真实且高贵的言辞却与错误的人联系在一起。因为，以任何客观公正的标准来看，这段话都应该是写给查尔斯·罗伯特·奈特的，而非写给亨利·费尔菲尔德·奥斯本。我无意以任何方式来诋毁奥斯本，他是一位伟大的科学家（虽然也许有点保守），同样也是一位伟大的管理者，与纽约市和其他地方的权贵都有血缘关系和金钱往来，这些人可以资助他心爱的博物馆。他还极其欣赏奈特将艺术天赋和解剖学知识相结合的才华，并将奈特推

崇为重建古生物的杰出权威，尊其为圣人。

因为我们的文化传统往往是口头相承，因而记录过去的文本创作者则能更长久地留在人们的记忆中。但灵长类动物是视觉动物，任何文化发明，即便是被誉为第二个千年最伟大的科技成就的古登堡印刷机，都无法消除我们对视觉表现根深蒂固的偏好。"一图胜千言"，这句箴言可能并非孔子本人所说，但谁会否认这句格言中所蕴含的真理呢？

因此，这篇前言的要点，以及重新出版奈特这本经典巨作的主要原因（甚至可以说是必要性），简而言之，如果要寻找一个人，他的名字最能代表平常人对史前生物的自然、地位、美丽、奇异和魅力的"感觉"，那么只有一个人有可能获此殊荣，他的资历不容置疑。这个人不是奥斯本或任何其他古生物学家，也不是达尔文或任何其他生物理论家或博物学家。事实上，即使是对于许多对这个领域有着浓厚兴趣的人，此人在很大程度上仍然不为人知或鲜有人关注，因为我们通常只尊重文本创作者，而图像的制

作者往往默默无闻。这个人就是查尔斯·罗伯特·奈特。从 19 世纪 90 年代的第一部作品，到 20 世纪 20 年代的巅峰时期，再到 20 世纪 50 年代去世，他一生致力于史前生物的精准艺术重构。基本上所有 20 世纪的标准画作，包括所有大型博物馆的壁画和精装画册，都出自他的手笔。他以无与伦比的准确性创作了这些极具艺术价值的作品。

奈特在一系列新发现出现之前就已经塑造了恐龙的标准形象，直到 20 世纪的最后一代，随着一系列新发现的出现，一批年轻有为的新艺术家重构了恐龙的概念和图画。奈特重现了古代生物的标准形象，然而新知识层出不穷，在科学知识不断更新发展的长河中，他的不足之处在于只依据他所处时代的史前生物科学进行了精准描绘。我年轻时记住的那些话理应是写给奈特的，因为他比任何其他人都更能复活那些干瘪的骨头，让它们栩栩如生，重回世间盛会。正如柏拉图所言，伟大的艺术无须伪造现实或矫揉造作。伟大的艺术加深了我们对自然现实的理解。

奈特是土生土长的纽约人，接受过专业训练，后来成为一名商业艺术家，于19世纪90年代在约瑟夫·兰姆和理查德·兰姆（J. and R. Lamb）的教堂装饰公司获得了第一份稳定的工作。但他最喜欢自然史，每周都要花几个上午在中央公园动物园画动物素描。他原为一名彩色玻璃窗公司的动植物专家，而后投身动物艺术专业创作，最后在重建灭绝生物方面获得殊荣。奥斯本的赞助，以及奈特为纽约自然历史博物馆所做的工作，让奈特获得了几近权威的地位，为他成为杰出的史前生活画像权威学者奠定了坚实的基础。

1946年出版的《千古生命史》（*Life Through the Ages*）是奈特作品中我最喜欢的一本，该书最大限度地展示了半个多世纪前他在专业理解方面的优势和不足。奈特在书中不仅展示了精美的绘画作品，还为这些画作撰写了文字。尽管奈特更注重读者认为的"更高级""更有趣"的生物，他也在书中讨论了早期多细胞生物的整个历史，从伯吉斯页岩中的寒武纪生物谈到穴居人和穴居熊之间的争斗。撇开对特定化石更深入了解所带来的特定细节变化，我们发现他的观点与我们的观点之间存在两大总体差异。但我并不认为我们可以自鸣得意，或傲慢地自恃我们目前的观点更加准确，因为我们的观点主要是基于奈特时代以来的经验、发现和理论突破，而奈特当时却无法获得这些。奈特是一位伟大的艺术家，但不是一位概念创新者。他认为自己的任务是将当时最专业的意见用图像的形式表现出来，既能集中思想，又能激发人们的内驱力。

首先，奈特奉行进步主义者观点，甚至更激烈的必胜主义者观点，认为生命史是一场凝结了鲜血、辛劳、汗水和泪水向人类顶峰不断攀升的斗争史。这种观念时而潜移默化地影响着他，时而强烈地暗示着他，让他认为古老的就等同于愚笨和低效的，地质时期较近的就等同于聪明和灵活的。现在看来，这样的观点并未充分尊重我们远古祖先的差异和魅力。如果恐龙的身体和生存环境真的如奈特在书中描述的那样，那么恐龙的地位肯定会大打

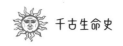

折扣："大自然显然已经厌倦了这些长满鳞片、巨大、冷血的怪物。它们愚蠢、不适应环境、不思进取，却能长期存活。因此，世界将远离这些笨拙、迟缓的蠢货，取而代之的是那些毛茸茸的、机警好斗的恒温动物……正如我们现在所想，这简直是一个令人沮丧的世界，巨大、怪异、笨拙的动物们在大地上起伏，高大的棕榈树下，粗糙而脆弱的灌木丛覆盖着大地。"

奈特沿袭了那个尚武时代的有限知识和社会习俗，认为达尔文主义就是指通过杀戮和纷争，进行公开的、真实的生存斗争〔托马斯·亨利·赫胥黎（T. H. Huxley）曾批评这种限制性观点为"存在的角斗士理论"〕，而达尔文的实际表述和更宽泛的本意，是指采用最适合特定情况的各种竞争策略（包括合作和搏斗），以便更好地繁衍生息。因此，奈特将物种之间的所有互动描述为威胁、追逐和杀戮，而不是相互喂养，甚至认为连父母的养育也不存在。在我看来，奈特的所有画作都无声地揭示了这两种观念上的陈旧，毕竟"一图胜千言"。

他将一只始祖鸟放在更高的树枝上，对同一个空间中（在奈特看来，分类学上也是如此）低飞的翼龙摆出攻击性姿态。但事实上，如果真的发生这样的斗争，我认为翼龙更可能会赢。

批评奈特不知道后人所学，就像抨击达·芬奇一样荒谬至极，因为达·芬奇生活在哥白尼之前，仍然赞同地心说。我们现在和以后永远都需要奈特的作品。他是历史上最伟大的史前生物艺术家，是他那个时代的贝比·鲁斯（Babe Ruth），谁会因为一个叫麦奎尔（McGwire）的人在 70 年后的一个棒球赛季里多打出十个本垒打，就不再向班比诺（Bambino，鲁斯的绰号）致敬呢？我们需要了解奈特，因为他比史上任何其他人都更能创造出史前生物的形象。我们需要讨论奈特的错误和他的成就，哪怕只是为了提醒我们，目前的许多确定性，对于下一代文学家和艺术家来说，对于不断新生的这个充满奇妙历史的古老星球的守护者和创造者来说，可能是错误的，但同样具有启发意义。

引言

菲利普·柯里（Philip J. Currie）

加拿大艾伯塔省德拉姆黑勒

皇家蒂勒尔古生物博物馆

恐龙馆馆长

在我 11 岁时，美国探险家、博物学家罗伊·查普曼·安德鲁斯（Roy Chapman Andrews）说服了我这个年轻人，让我梦想成为一名"恐龙猎人"。当然，他本人并没有直接与我对话，但他的书《关于恐龙的一切》（*All about Dinosaurs*）对我产生了极深的影响，我沉迷于搜罗恐龙的一切。在这些探寻过程中，我最喜欢的书是一本关于史前动物的奥杜邦贴纸书。我经常坐下来欣赏这些贴纸，这些贴纸翻印了查尔斯·奈特为菲尔德自然史博物馆创作的精美绝伦的彩绘。这些彩绘作品充满了力量，让我魂牵梦萦，我开始思考恐龙是如何与其他动物和环境互动的。一年后的一次家庭度假，我们去了芝加哥菲尔德自然史博物馆。我站在那些巨幅壁画前，瞠目结舌，惊叹不已，那些在我贴纸书中的画像再次出现了！直到今天，那些画作都深深地烙印在我的脑海里，查尔斯·奈特就是我心目中的恐龙艺术博物馆馆长！

查尔斯·奈特的影响之深远，远非 11 岁孩子所能想象。20 世纪 70 年代对恐龙艺术做的一项调查显示，奈特的作品就是大多数书籍插画家和博物馆艺术家描绘恐龙和其他史前巨兽的主要灵感来源。如果临摹也是一种奉承，奈特显然深受那些为小说、漫画、连环画和小说

衍生品描绘史前动物的艺术家们的推崇。

奈特创作的艺术作品极具震撼力，在他去世很久之后，其绘画作品仍在公众和科学界心中留下深刻印象。20世纪70年代新信息风起云涌，但绝大多数人都不愿自己儿时所看的史前画像发生变化。起初，下意识的惯性思维让人们拒绝改变，但随着"恐龙文艺复兴"（Bakker，1975）的不断发展，有力的新证据让人们逐渐接受了新观点。一旦变化开始，就为新一代艺术家们的原创恐龙艺术打开了闸门（Crumly，2000）。在这些新艺术家的作品中，奈特的影响逐渐减弱，但不可否认的是，他们还是以奈特作品为基础，继往开来。

奈特长期受欢迎的原因有很多。首先，他的素描和油画令人赏心悦目。但更重要的是，他能够将自己丰富的解剖学（包括现代动物和化石动物）、生态学和动物行为学知识融汇到艺术作品中，从而创造出逼真可信、栩栩如生的场景。

奈特长期与美国自然历史博物馆的亨利·费尔菲尔德·奥斯本等专业古生物学家保持着往来，学到了很多东西。尽管他已竭尽所能追求准确性，但随着化石提供更多新信息，我们对史前动物的认识也在不断发展和变化。这包括发现更完整的化石，以及通过对现有标本和化石遗址做进一步研究，获得新的有利信息。因此，尽管奈特在绘制插图时已力求准确，但随着我们的知识储备更新变化，他的一些插图也就过时了。

查尔斯·奈特所著的《千古生命史》出版于1946年，图文并茂。该书非常出色，在许多方面遥遥领先于那个时代的其他书籍。直到近年来，插画家们才开始为自己的畅销绘本撰写文本（Paul，1988；Dixon，1993）。奈特的文字不仅为读者提供了信息，让读者对他的艺术作品有一定了解，还阐述了他在创作插图时所做的决定及心路历程。奈特认为现在是理解过去的钥匙，这本书是史前生物学和近代生物学的完美结合。他能让笔下的灭绝动物栩栩如生，半个多世纪过去了，许多插图仍然具有科学合理性，尤其是对于那些有现存亲缘关系的动物，比如猫、狗、大象和马科的成员。因为过去半个世纪中我们的知识发生了变化，现代艺术家们对其他动物的修复方式有所不同，如果奈特还活着，他同样也会使用许多不同的方法。现在，我们对已灭绝生物的认识发生了一些深刻的变化，其中包括对恐龙的认识。由于恐龙研究是我最了解和喜爱的领域，我将以恐龙为例，来论证如果奈特今天还活着，他可能会采取的不同做法。

奈特此书的开篇并不是恐龙，而是加拿大西北英属哥伦比亚省的伯吉斯页岩动物群。近年来，越来越多的人关注该动物群和世界其他地区类似的寒武纪软体动物群。正如奈特所说，"它们实际的亲缘关系仍然存在很大争议"。

奈特和他的同代人认为蜥脚类恐龙是"水生恐龙"，这种恐龙"几乎所有的时间都在水中度过，以柔软的植被为食，牙齿呈小指状"，它们体重过重，在陆地上无法支撑自身重量。这些奇妙的动物，是最成功的恐龙谱系之一，包括已知陆生动物中体型最长的梁龙、地震龙，

体重最大的阿根廷龙，以及身高最高的腕龙、巨超龙。它们几乎生活在世界各地，其历史几乎跨越了整个侏罗纪和白垩纪。长期以来，人们一直认为蜥脚类恐龙大部分时间都生活在水中，因为水可以支撑它们巨大的体重。

对某些物种来说，这可能是真的，但许多分布和足迹研究证据表明，蜥脚类恐龙能够在陆地上行走。事实上，蜥脚类恐龙的有些物种可能会在树木顶端寻找食物，就像现代长颈鹿一样四处觅食。与整体身型相比，蜥脚类恐龙的牙齿相对较小且较弱。不过，它们并不需要很坚硬，因为牙齿的作用只是捋下树枝，并非用来咀嚼。蜥脚类恐龙并没有在口中对植物进行进一步的处理，而是直接吞咽。"咀嚼"是由胃石完成的，胃石是一种经吞咽保存在消化系统的肌囊中的石头。许多现代鸟类会吞下沙砾，沙砾也有同样的功能。胃石位于肌肉发达的砂囊里，用来磨碎种子和其他植物。蜥脚类恐龙具有与鸟类相同的系统，优点在于能够将牙齿的重量保持在最低限度。因为蜥脚类恐龙的脖子

非常长，差不多与身体部分等长，牙齿重量对它们来说至关重要。如果蜥脚类恐龙的头部过重，脖子还长，它们的行动效率就会很低。牙齿小意味着头骨可以保持较小重量，而不参与咀嚼的下颚相对较弱，意味着下颚的肌肉也可以保持较小重量。这种自然选择的结果甚至可能有利于蜥脚类恐龙进化出相对较小的大脑，以减轻体重。尽管蜥脚类恐龙的牙齿相对较弱，但仍然足以让它们吞食各类植物，而且这些植物并不像人们曾经认为的必须是柔软的水生植物。其实蜥脚类恐龙的牙齿经常表现出极度磨损，每颗功能性牙齿下方都有几代胚牙，表明它们的牙齿经常更换。

尽管蜥脚类恐龙的进食方式仍有争议，但现代画作中鲜少将蜥脚类恐龙描绘成漂浮在水中的巨兽。这在过去曾是一种普遍观点，该观点主要基于这样一种假设：蜥脚类恐龙体型庞大，重量很重，因此它们一生中的大部分时间都需要在水中度过，以承受巨大的重量。现在，包括恐龙足迹遗址、骨骼结构分析，以及在蜥脚类恐龙生存的时代，人们曾在相对干燥的地区发现的蜥脚类恐龙等，所有这些证据都表明，大多数蜥脚类恐龙在陆地上的生存能力可能比在水中更强。尽管奈特认为蜥脚类恐龙主要生活在水里，但他似乎为了减少插图错误，会经常同时展示陆地和水中的蜥脚类恐龙。

文中还有一个有趣的题外话，即蜥脚类恐龙"可能直接胎生幼崽"。这一观点最近得到了一位学者巴克（Bakker，1986）的支持，他的证据似乎很合理。世界上许多地方都发现了蜥脚类恐龙的蛋（Carpenter，1999），其中一些恐龙蛋内还有胚胎（Chiappe，1998）。然而，已知蜥脚类恐龙产卵这一事实并不能消除某些物种可能直接胎生幼崽的可能性。通常产卵的动物中，包括昆虫、鱼类、两栖动物和爬行动物在内的某些物种也会出现这种特性。

奈特将霸王龙视为最后的恐龙，它是"最大最凶猛的恐龙"，是"强大种族的最后一个典范"。霸王龙可能是最知名的恐龙，它是"一台巨大的进食机器，食欲旺盛，永不满足"，它的脑体质量比比一般恐龙要大。到白垩纪末期，几乎所有恐龙的脑体质量比都有增大的趋势，霸王龙势必要跟上其猎物（角龙和鸭嘴龙）的步伐。正如奈特所指出的，霸王龙是数百万年兽脚亚目动物进化的巅峰，也是我们所知的最特异化的大型肉食性动物。近年来，在阿根廷发现了大型的兽脚类恐龙（Coria, Salgado, 1995），但这些鲨齿龙脑容量较小，双目视觉能力差，体型较粗壮，速度较慢，下肢比例相对较短。任何动物都不具备霸王龙的咬合力，它的下颚肌肉有足够强的力量，能将极长、极重的牙齿直接咬进或咬穿猎物的骨头（Erickson, Olson, 1996）。

如果奈特能够获得今天的信息，就会用不同的方式绘制两只霸王龙打架的插图。首先，霸王龙蜥蜴般的尾巴不会落在地面上。最初美国博物馆花费大量的时间根据骨骼支架修复霸王龙的尾巴，完整的尾巴直到最近才得以展出。虽然尾巴可能会不时地接触地面，但它们是一种平衡器官，保持在离地面一定距离的水平的位置对动物最有利。椎骨的重叠部分及其下方的人字形骨骼有助于防止尾巴下垂，以节省能量。绘图中霸王龙有厚重的鳞片皮肤也可能是不正确的。近年来发现的至少三件霸王龙标本上都有成片保存下来的皮肤。虽然目前还不知道霸王龙整个身体表面的皮肤情况，但这些皮肤化石表明霸王龙的表皮有沙砾状纹路。霸王龙似乎是群居性动物，成群捕食（Currie, 2000），彼此间存在明显的相互攻击行为（Tanke, Currie, 2000），主要是咬脸，这可能与现代动物（如海獭）的性互动有联系。

在奈特写这本书的时候，传统观点认为霸王龙是兽脚亚目恐龙的后代，从三叠纪到侏罗纪再到白垩纪，这个谱系逐渐变大。近年来，有证据表明异特龙和霸王龙的关系并不特别紧密，事实上霸王龙与似鸟龙和伶盗龙等动物的关系更为密切。霸王龙和异特龙之间的相似之处在于，它们都因体型太大而行动不便。作为大型动物，尽管家族谱系不同，但它们都必须以相似的方式加固和调整自己的骨骼。奇怪的是，弗雷德里克·冯·许纳

（Frederick von Huene）于1926年对肉食性恐龙进行基本分类时就承认，霸王龙及其近亲（阿尔伯塔龙、蛇发女怪龙、特暴龙等）属超大型的虚骨龙类（一系列体型较小的肉食性恐龙的名称）。肉食性恐龙基本分为两类：小型虚骨龙（包括秀颌龙属、似鸟龙、伤齿龙和伶盗龙）和巨型虚骨龙（包括高棘龙、异特龙和斑龙）。

剑龙以脑体质量比相对较小而闻名。奈特称其为"一个白痴家庭中最愚蠢的成员"。剑龙主要分布在现在的非洲、亚洲、欧洲和北美，在侏罗纪和白垩纪有着悠久的历史（Galton，1997）。与甲龙和蜥脚类恐龙一样，剑龙的脑体质量比相对较小，但它们存活时间仍然相对较长。幸运的是，大脑袋并不是生存的必要条件，它们存活了足够长的时间，分布范围遍布全球。此外，脑体积与"智力"之间是否有关联，人们对此一直存疑。

戟龙是一种可怕的动物，"有鼻角和锋利的喙状嘴"。奈特认为戟龙有时必须抵御霸王龙的猎食，但他的说法有误。虽然两种动物都生活在北美洲西部，但在第一只霸王龙出现之前，戟龙已经灭绝了至少500万年。不过，暴龙科的早期成员蛇发女怪龙和惧龙可能确实有机会猎杀戟龙。"戟龙是一个无害的老家伙，以植物为食，浑身装备只为防御掠食者。"奈特和他同时代的大多数人一样，认为有角恐龙颈部上的骨突是为了保护它们不受暴龙的伤害。近年来，人们对加拿大艾伯塔省和美国蒙大拿州的角龙骨床开展了大量工作。这些尸骨层似乎表明，尖角龙、野牛龙、厚鼻龙和戟龙群曾大规模死亡。带尖角的骨突可能在一定程度上保护了成年戟龙的颈部，但年轻戟龙的骨突很短且没有尖角。甚至有迹象表明，成年雄性和雌性的骨突和尖角有所不同。考虑到暴龙的下颚能够咬断比戟龙颈盾缘骨突更厚的骨头，而且只有成年戟龙才有发达的骨突尖角，有角恐龙的骨突演化成如此奇特的形状似乎是为了让它们能够从视觉上识别同类。恐龙显然是视觉高度发达的动物，它们利用骨突、尖角、头冠和其他视觉线索来吸引潜在的配偶，甚至可能在社会群体中确立统治地位。这在戟龙生活的时代（约7500万年前）非常重要，因为这时有角恐龙的种类最多，许多近亲物种生活在同一地区，它们很容易认错同类，导致交配失败。成年角龙的骨突和角差异极大，强调了不同物种之间的差异，使得成年恐龙更有可能只识别自己物种的成员并与之交配。

"如果说这些年流传下来的遗骸中有什么宝藏，化石猎人心目中的最佳答案是始祖鸟"，奈特于1946年写道。正如奈特所言，尽管中国东北地区掀起了一轮新的早期鸟类化石"淘金热"，其中发现了大约1000个白垩纪早期孔子鸟化石，但始祖鸟对于我们了解鸟类起源仍至关重要。

重读《千古生命史》，我惊讶于奈特认为始祖鸟是介于恐龙和现代鸟类的过渡物种。他特别指出，"我们将看到的图片中会有恐龙和可能是恐龙后裔的鸟类"。这本书的后面也提及，"似鸟"恐龙显然包括始祖鸟和白垩纪的几种有齿鸟类。这种说法和其他说法一样，表明他相信恐龙与鸟类的祖先有关，这在1946

年并不是什么新观点。这个假说由赫胥黎于1868年提出，被后世广为接受。1916年，格哈德·海尔曼（Gerhard Heilmann）用他的母语丹麦语发表了对鸟类起源证据的全面分析。尽管他的作品一开始并没有产生太大影响，但当《鸟类的起源》英文版出版后，这种情况发生了巨大的变化（Heilmann，1927）。他认为始祖鸟在解剖学上更接近于虚骨类恐龙，如秀颌龙，而不是其他任何已知的动物。这证明鸟类和恐龙关系密切。然而，一些特征表明恐龙并不是鸟类的直系始祖。例如，从未报道过恐龙有锁骨，而鸟类有锁骨，大多数鱼类、两栖动物、爬行动物和哺乳动物也有锁骨。如果恐龙没有锁骨，那么这种特化表明它们不可能是鸟类的祖先。毕竟，如果恐龙失去了锁骨，它的后代如何才能把锁骨进化回来呢？鸟类保留着锁骨，所以它们的祖先肯定也有锁骨。海尔曼认为，如果恐龙没有进化为鸟类，那么鸟类的祖先（当时称为槽齿类）肯定已经分化出鸟类。槽齿类至少还保留着锁骨。这种观点一直盛行，直到20世纪

70 年代出现了几种相反意见。不管海尔曼的观点如何，奈特显然认为鸟类和恐龙之间有关系。他将异特龙描述为"一只拔毛的火鸡，尾巴很长，前肢短小，有爪子，没有翅膀。""实际上，经过仔细研究，它们与鸟类的相似性越来越明显，正如我们稍后看到的始祖鸟（鸟类爬行动物）。始祖鸟是一种小恐龙，有翅膀而无前肢，还有羽毛，这让它们更像鸟类。"

丹麦语版和英语版《鸟类起源》出版期间，研究人员在偷蛋龙身上发现了第一块叉骨。但在接下来的 50 年里，它不幸地被误认为是另一块骨头（锁间骨）。再次对以前收集的标本进行仔细检查，加之新发现佐证，叉骨存在于兽脚亚目的许多谱系中，包括暴龙科恐龙。奈特著作出版以来，大量证据都有力证明了鸟类是兽脚亚目恐龙的直系后代。自 1996 年以来，人们发现了至少五种"有羽毛的"恐龙，鸟类和恐龙之间的区别已经变得模糊。根据现代生物学或古生物学的分类，鸟类甚至被认为是兽脚类恐龙的一个亚群。从这个意义上说，鸟类就是恐龙，也就是说恐龙并没有灭绝。

鸟类是奈特最喜欢的插画主题之一，他在一组素描中对古代鸟类和现代鸟类进行了对比。他描绘了有牙齿的（高度特化的）黄昏鸟，类似于现代的潜鸟；以及巨大的恐鸟，看起来像 Mark Ⅱ 霸王龙。正如他在文中指出的那样，"我们对鸟类化石的实际了解很少，因为这些飞行生物骨骼脆弱，很容易遭到破坏。"近年来，世界各地的化石遗址发现了大量早期鸟类的新标本，包括一千多个中国白垩纪早期的孔子鸟标本。其中一些动物，比如孔子鸟，有观赏性的羽毛，包括头上的羽冠和一对让人想起现代琴尾鳉的长尾羽。甚至同一骨床里更早期的恐龙，如有羽毛的尾羽龙，似乎也在上肢和尾巴上进化出了极富观赏性的长羽毛（Currie，1998）。这使人们更加质疑奈特关于"早期地球上并没有长着羽毛的美丽生物"的说法。

奈特还展示了喙嘴翼龙，它是翼龙的一种，与始祖鸟处于同时代，共享栖息处。这是旧物种与新物种的正面交锋，也是翼龙末日的开始。

尽管飞行爬行动物种类繁多，并成功占据高空，但最终长有羽毛的新飞行物种会更高效、更擅长飞行，并慢慢取代它们的远亲。到白垩纪末期，尽管鸟类把巨大"滑翔机"的角色留给了会飞的爬行动物，如翼龙（在下文中与沧龙同图），但鸟类已经在大多数生态位中胜出。

奈特与许多同时代的人都认为，恐龙是"笨拙迟缓的蠢货""不适应环境、不思进取"。事实上，用这些词形容恐龙都是不正确的，但这些词可用于形容某些物种，比如哺乳动物树懒就行动迟缓，渡渡鸟无法适应环境。虽然恐龙的脑袋不大，但有些恐龙物种的脑体积还是大于现代哺乳动物和鸟类脑体积的最小值。伤齿龙生活在北美洲白垩纪晚期，其大脑比同等体重的鳄鱼大六倍。无论脑体积大小如何，恐龙似乎都能很好地适应环境。有迹象表明，恐龙足够聪明，能够发展出复杂的行为和社会结构，通常人们认为只有鸟类和哺乳动物才能发展出这些行为和社会结构。许多恐龙，包括瘦长的伶盗龙和长腿的似鸟龙，都非常适合快速移动。即使是体型较小的中华龙鸟，其速度也足以捕食蜥蜴和哺乳动物。纵观恐龙的历史，它们的适应能力很强，尽管与哺乳动物、鸟类、鳄鱼、海龟、蜥蜴和许多其他今天依旧存在的动物共享栖息地，但它们仍然在陆地动物中保持霸主地位。在过去的几十年里，在人们的观念里，恐龙已经彻底"改头换面"了，我们不能再认为它们"慵懒、不适应环境、不思进取"。

奈特描绘了一幅相当凄凉的白垩纪末期图画，"巨大、怪异、笨拙的动物们在大地上起伏，高大的棕榈树下，粗糙而脆弱的灌木丛覆盖着大地，无论是地面上还是树上，险恶的小型哺乳动物瞪着发光的眼睛，等待着伟大的爬行动物时代缓慢但不可避免地走向终结。"其实大多数白垩纪晚期恐龙居住的环境与现代环境并无二致。被子植物早在几百万年前就已经出现了，可供恐龙生活的各种栖息地几乎和我们的现代世界一样多种多样。从外表上看，昆虫、鱼类、海龟、蜥蜴、鳄鱼、鸟类和哺乳动物很难与现代形态区分开。虽然恐龙一开始对我们来说非比寻常，但其实它们填补了空缺的生态位，今天世界上许多地方也有同样奇异的动物填补了这个空缺。想想看，非洲草原上奔跑的不是羚羊和瞪羚，而是各种各样带头冠的鸭嘴龙，占据北美平原的不再是大群野牛，而是成群的有角恐龙。长颈蜥脚类恐龙真的比长颈鹿更奇怪吗？恐龙身上的什么东西会比大象鼻子还奇怪吗？那个世界肯定不同于今天我们所知的世界。但它与现代环境相比，并不是那么陌生，我们可以与之产生共鸣。

在奈特的整个职业生涯中，他认为我们可以通过研究鳄鱼和蜥蜴等现代爬行动物来了解恐龙。奈特和许多同时代的人认为，恐龙的灭绝有其道理，因为"大自然显然已经厌倦了长满鳞片、巨大、冷血的动物，它们却能长期存活……因此，世界将远离这些笨拙迟缓的蠢货，取而代之的是那些毛茸茸的、机警好斗的恒温动物。"

虽然现在可能是了解过去的钥匙，但它并不总能打开你所期望的那扇门。长期以来，人们一直困惑，为什么作为爬行动物的恐龙居然能够统治世界至少 1.4 亿年之久。尤其是考虑到哺乳动物的历史可以追溯到恐龙诞生之初甚至更远的时候，这一点更令人困惑。换言之，哺乳动物和恐龙曾同属一个时代，而不仅仅是恐龙的后代。随着恐龙复兴（更像是一场"革命"）的开始，古生物学家终于开始挑战陈旧观念：恐龙只不过是过度生长的蜥蜴和鳄鱼。我们开始质疑恐龙是否真的是冷血动物（Bakker，1975；Desmond，1975）。我们开始意识到更"聪明"的恐龙，它们的大脑与某些哺乳动物和鸟类的一样大（Russell，1997）。我们对恐龙的行为有了意想不到的了解（Horner，1997）。系统发生学的广泛接受，加上鸟类可能是兽脚亚目恐龙的直系后代，甚至让我们质疑恐龙是否真的已经灭绝。恐龙（如果包括鸟类）的物种比哺乳动物多，从这个意义上来说，恐龙更成功。恐龙与现代蜥蜴和鳄鱼有很大差别，在某些方面将恐龙与现代鸟类和哺乳动物进行比较更为合适。即便如此，也必须非常谨慎，因为恐龙是特有物种，能很好地适应中生代世界，而非现在的世界。如今，古生物学家为了寻找界定恐龙生物学极限的线索，倾向于观察鸟类和鳄鱼这两种与恐龙关系最近的亲戚。然而，恐龙也具有它们独有的特征。

《千古生命史》是对半个多世纪前的科学知识进行的精彩回顾。当然，书中偶尔会有错误，所以阅读时需要持保留态度。但它有助于我们了解古生物学发展之初该领域的观点。它也是一个窗口，让我们了解一位最伟大的史前生物艺术家的思想。不可否认，他的图像至少对公众了解生命史的发展产生了巨大影响。

人们现在对奈特的兴趣可能比过去半个世纪更强烈。他甚至在巨幕电影《霸王龙：回到白垩纪》（*T.rex: Back to the Cretaceous*）中获得一个虚构"角色"。奈特佳作在此出版，50年来首次得到广泛传播，应该会激励一批新的史前艺术家！

参考文献

Bakker, R. T. 1975. Dinosaur Renaissance. Scientific American 232 (4): 58-78.

Bakker, R. T. 1986. The Dinosaur Heresies. New York: William Morrow and Company.

Carpenter, Kenneth. 1999. Eggs, Nests, and Baby Dinosaurs. Bloomington: Indiana University Press.

Chiappe, L. 1998. Dinosaur embryos: unscrambling the past in Patagonia. National Geographic 194 (6): 34-41.

Coria, R. A., and L. Salgado. 1995. A new giant carnivorous dinosaur from the Cretaceous and Patagonia. Nature 377: 224-226.

Crumly, C. R. (ed.). 2000. Dinosaur Imagery. San Diego, Calif.: Academic Press.

Currie, P. J. 1998. Caudipteryx revealed. National Geographic 194 (1): 86-89.

Currie, P. J. 2000. Possible evidence of gregarious behavior in tyran-

nosaurids. Gaia.

Czerkas, S. Massey, and D. F. Glut. 1982. Dinosaurs, Mammoths and Cavemen: The Art of Charles R. Knight. New York: E. P. Dutton.

Czerkas, S. J., and E. C. Olson. 1987. Dinosaurs Past and Present. Vols. 1 and 2. Seattle: Los Angeles County Museum and University of Washington Press.

Desmond, A. J. 1975. The Hot-Blooded Dinosaurs. London: Blond and Briggs.

Dixon, D. 1993. Dougal Dixon's Dinosaurs. Honesdale, Pa.: Boyds Mills Press.

Erickson, G. M., and K. H. Olson. 1996. Bite marks attributable to Tyrannosaurus rex: preliminary description and implications. Journal of Nertebrate Paleontology 16: 175-178.

Farlow, J. O., and M. K. Brett-Surman. 1997. The Complete Dinosaur. Bloomington: Indiana University Press.

Galton, P. M. 1997. Stegosaurs. In J. O. Farlow and M. K. Brett-Surman

(eds.), The Complete Dinosaur, pp. 291-306. Bloomington: Indiana University Press.

Heilmann, G. 1927. The Origin of Birds. New York: Dover Books. Reprint, New York: D. Appleton and Company, 1972.

Horner, J. R. 1997. Behavior. In P. J. Currie and K. Padian (eds.), Encyclopedia of Dinosaurs, pp. 45-50. San Diego: Academic Press.

Huene, F. von. 1926. The carnivorous Saurischia in the Jura and Cretaceous formations principally in Europe. Museo de La Plata, Revista 29: 35-167.

Huxley, T. H. 1868. On the animals which are most nearly intermediate between birds and reptiles. Annals and Magazine of Natural History 2 (4th series): 66-75.

Patterson, B. 1959. National Audubon Society, Nature Program, Prehistoric Life. Garden City, N.Y: Nelson Doubleday.

Paul, G. S. 1987. The science and art of restoring the life appearance of dinosaurs and their relatives: a rigorous how to guide. In S. J. Czerkas and E. C. Olson (eds.), Dinosaurs Past and Present, vol. 2, pp. 4-49. Seattle: Los Angeles County Museum and University of Washington Press.

——. 1988. Predatory Dinosaurs of the World. New York: Simon and Schuster.

Russell, D. A. 1977. A Vanished World: The Dinosaurs of Western Canada. Ottawa, Ontario: National Museum of Natural Sciences.

——. 1997. Intelligence. In P.J. Currie and K. Padian (eds.), Encyclopedia of Dinosaurs, pp. 370-372. San Diego: Academic Press.

Tanke, D. H., and P. J. Currie. 2000. Head-biting behavior in theropod dinosaurs: paleopathological evidence. Gaia.

T. rex: Back to the Cretaceous. Imax film.

前言

在 18 世纪末，法国著名科学家乔治·居维叶（George Cuvier）男爵提出了一些非凡的理论，讨论了地球上的生物以及这些生物在很长一段时间里是如何演化的。他主张"灾变论"，设想地球表面曾遭受一系列反复出现的可怕剧变，在此期间，某个时期内的所有生命都被彻底摧毁。他还相信，当地球的情况再次变得有利时，将会出现全新的、更先进的生物，取代以前的不幸者。如此往复，生命会一代又一代地延续下去，不断进化，进而变得更加完美。当然，尽管这种观点是对过去情况的一个奇妙构想，居维叶的理论还是对那个时代的科学思想产生了巨大影响，以至于多年来，人们对于生命的进化过程都不敢持有异议。

后来，出现了一位勇者，名为让·巴蒂斯特·拉马克（Jean Baptiste Lamarck），他不畏权威，敢于就生命的深层意义以及自己的研究步骤发表个人观点。与居维叶的观点形成鲜明对比的是，拉马克相信生命自诞生那一刻起就是连续的，但不断变化的周围环境会塑造新的生命形式。可以想象，这一观点在当时太具有革命性。不过，尽管遭到了很多反对，但该观点逐渐成为对此领域深感兴趣的科学家们热议的话题。大约五十年后，进化论的伟大倡导者查尔斯·达尔文（Charles Darwin）出版了他的划时代著作《物种起源》（Origin of Species）和《人类的由来》（The Descent of Man），人们意识到拉马克的观点有充分依据，并且尽管有许多补充和修改，达尔文还是基本采纳了拉马克的精彩陈述。总而言之，现代思想与达尔文对于世间生物的观点类似。

在本书中，我不仅描绘了史前生物的外观，更多时候我还展示了它们的现代表征，以尽量弥合过去和现在之间的差距。每张图片的标题将对应该生物所处的阶段。

寒武纪

"寒武纪"（Cambrian）这个名词源自罗马词 Cambria，原指英国地区，即现在的威尔士。

此图虽新，但它所展示的水下场景可能已有 5 亿年的历史。然而，仔细观察，你会看到这里的某些生命形式与我们这个时代的生命形式略有不同。水母在清澈温暖的海水中慵懒地漂浮；虾状的生物游来游去，寻找食物或躲避敌人；优雅的海藻和海百合随着水流来回摇曳。当然，这些所谓的海百合根本不是百合花，而是一种上翘的海星，它通过从底部伸出的茎，将自己固定

在海床上。图片中也有海虫，与今天的海虫并无二致。最大的动物就是趴在海床沙地上的甲壳类动物西德尼虫，现在已经灭绝。奇异的篮状贝类漂浮在海水中，不远处还有两种椭圆形生物，称为三叶虫。三叶虫是一种海洋生物，数量庞大，在很长一段时间里，形态未曾发生太大变化。

关于三叶虫的实际亲缘关系仍然存在很多争议，一些人认为它们与甲壳类动物有关，另一些人则认为它们与夏季海滩上的帝王蟹或鲎有关。你肯定遇到过这种生物，它缓慢地爬过近岸的沙底寻找食物。鲎因其奇特的形状而得名。如果我们从尖利的刺状尾部提起这个怪异生物，就会惊讶地发现它下面蠕动的腿。它是来自过去的陌生访客，带我们回到那个遥远的年代。奇怪

的是，图片中看到的奇妙小动物以及更多其他的动物皆发现于加拿大落基山脉伯吉斯山口海拔约 1 万英尺（约 3048 米）的高地，至今保存完好。后来担任华盛顿特区史密森尼学会秘书的查尔斯·沃尔科特（Charles Wolcott）博士，曾多次踏上寻找化石的旅途，途中偶然发现了这些动物。这些有趣的小宿主从前生活在海底，岁月变迁和地壳活动将它们带到了现在的海拔高度。这些新发现的动物开辟了古代生物研究的全新世界，它们的故事为生命之书又增添了新的篇章。

虽然本书以寒武纪为开篇，但在寒武纪之前，生命肯定已经存在了漫长的亿万年。彼时，图中展示的所有物种都已适应了它们在万物中的特定角色，表现完美。

泥盆纪

"泥盆纪"（Devonian）这个名词来源于英国德文郡，在那里发现了许多化石。

在寒武纪，海洋中没有挥舞长臂的螺旋壳生物，也没有长着鳍和鳞片的生物，但随着时间的推移，深海中的生命不断发生变化。我们现在看到了其他更为复杂的生命形式，它们显然都是大自然伟大进化计划的一部分。我们无从考证这些生物是如何或为何如此进化。我只知道，在深海中，能看到一群刚从海底进化来的物种，它们身姿优美、闪闪发光，在海水中行动自如，还可看到其更原始的亲戚，仍在以笨拙的形态匍匐前进，这对我们来说

就足够了。乍一看，这些短小的装甲生物看起来不像鱼，但仔细观察，我们可以发现它们与更高级的后代有明显相似之处。然而，这些相似之处也会逐渐改变，最终进化成我们现代美丽的海洋生物——金枪鱼、剑鱼、绚丽的珊瑚礁以及其他充满生命力的、童话般的生物。那么，那个凶恶的野兽又是谁呢？它有着卷曲的贝壳和明亮而冷酷的眼睛，静静地躺在摇曳的海百合下。它头部周围长着许多扭曲的足或手臂，因此被称为头足类动物（head-footed）。头足类动物是一种软体动物，也是众多奇妙动物中的一种，它们都是凶猛的肉食性动物，令人生畏。在某些时期，它弯曲的贝壳会暂时伸直，但最近发现，这种美丽的弯曲形状再次出现在了印度洋深水居民珍珠鹦鹉螺身上。与这些受保护的物种相反，大眼睛的现代乌贼没有外壳，它们在开阔的水域中疯狂地追逐有鳍的猎物。它能从头部伸出十根吸盘触手（其中两根比其他的长得多），抓住不幸的猎物，将其拉回到臂环中央鹦鹉喙状的颚片旁。更可怕的是章鱼，章鱼有八条腕足，它缓慢地爬行或游动，寻找猎物——螃蟹和龙虾，吞掉它们的肉，丢弃坚硬的外壳。相比之下，漂亮的船蛸沿着海面快乐地游动，它们的身体部分隐藏于闪闪发光的船形外壳中。这些鱼和墨鱼一样，会吐出一种黑色的墨汁。艺术家们通常用这种分泌物制备色彩浓郁的棕色颜料，特别适用于水彩画。这些头足章鱼虽是软体动物，但很难将它们与蛤、牡蛎、扇贝以及海洋和陆地蜗牛归为一类。然而，从理论上讲，它们有着密不可分的联系。作为动物界的一个重要分支，它们都拥有令人难以置信的漫长生活史。

石炭纪

微风轻轻吹过林间的空地，没有鸟儿的歌唱，也听不到动物的嘶吼声，阴暗之地万籁寂静，寂静得令人压抑。奇怪的树木短枝伸向阴沉的天空，银色的涟漪闪闪发光，阴冷的水池倒映着上方的树叶。突然，一道涟漪在宽阔平坦的水面荡漾开来，划破了平静的水面。巨大的蜻蜓优雅地在空中飞行，老鼠一般大的蟑螂在满是树叶和苔藓的地面上疾奔。石炭纪是世界上主要的煤炭生产时期，此时的生物已经进化，更高级的物种能够离开水中家园，在陆地上爬行。它们通过肺而

不是鳃呼吸，用小脚和腿而不是鳍或桡足前进。那个时代的典型生物是大量繁殖的蝾螈，如引螈。毫无疑问，这些物种和许多其他物种一样，仍然在水中度过了它们生命的早期阶段。它们是愚蠢的怪物，皮肤光滑，身长约 1.8 米，满口獠牙，巨型嘴巴能将食物一口吞下。它们可能会避开阳光，因为对它们娇嫩湿润的皮肤来说，阳光过于毒辣，当时的天气普遍阴沉，很适合它们生存。那个时代到处是沼泽，密林丛生，9 米多高的巨型植物在满是淤泥的沼泽中肆意生长。随着腐烂和死亡降临，这些森林巨物最终坠入周围的沼泽。在那里，时间和重力迫使它们越陷越深，数百万年至数亿年后，它们的树干形成了我们现在开采和利用的煤炭。这段潮湿的年代持续了很久，在这之后，动植物界的生命发生了翻天覆地的变化。气候变得更加干燥，一个伟大的新家族——爬行动物出现了。

异齿龙——二叠纪

（二叠纪取名于俄罗斯彼尔姆州）

现在展现在我们面前的这幅画与以前的完全不同！这种独特的爬行动物背部长着巨大的鳍状冠，这些鳍状冠是多么坚固、多么威严啊！它可不是畏缩在老树浓荫下皮肤细嫩的蝾螈，而是一种真正的爬行动物。它的皮肤紧绷，长有鳞甲，从它锋利的长牙可以判断，它是一个凶猛的杀手。地球上还从未有过如此奇怪的爬行动物，这种身长约1.8米的非凡生物引起了我们的注意。我们当然想知道这个巨大

背部装饰的用途，但似乎没有明确的答案。它背部这种奇怪的发育并不是鳍，而是延伸到体外的脊椎骨（超出自然的极限）。从背部中段约1.2米处直挺地竖起，其两端陡然缩短。坚韧的皮肤覆盖骨骼的所有脆弱之处，即便如此，这种结构似乎也使它容易受到攻击。二叠纪时期，许多长相古怪的爬行动物在世界上相距甚远的地区繁衍生息，异齿龙只是其中之一。与石炭纪相比，二叠纪气候干燥，阳光充沛，茂密的植被更少。这样的环境对巨型爬行动物的生长来说是机缘巧合，它们必须形成一种特殊的皮肤结构，以抵抗强烈的阳光，因此它们的皮肤不像蝾螈的皮肤一样湿润娇嫩。于

是，有鳞、硬皮的爬行动物在这样的环境下繁衍生息，冷血生物迅速成长。它们逐渐进化成不同的形态，并统治世界多年。这些动物包括巨大的恐龙、会飞的翼指龙、灵活而强大的海洋物种（包括鱼龙、蛇颈龙、沧龙以及鳄鱼和海龟）。这片土地上肯定住满了这些怪诞的生物——眼睛明亮，永不餍足，没有毛皮或羽毛来修饰它们粗糙而令人厌恶的外形。我们不必担心会遇到这些有鳞的爬行动物，因为早在大约5000万年前它们中的大多数已经永远消失了，只留下鳄鱼、乌龟、蜥蜴和几种蛇，让我们回想起远古时代的爬行动物。

非洲卡鲁地区的爬行动物

这个章节中，稍后我们会看到图片中出现恐龙和可能是恐龙后裔的鸟类。图中展现了某些头骨坚固的怪异爬行动物和真正的恒温哺乳动物之间可能存在的联系。人们在至少三个地区（美国的得克萨斯州、俄罗斯的西伯利亚地区和南非的卡鲁地区）发现了这些有趣爬行动物的化石。这三个地区相距甚远，后两个地区发现的物种非常相似，既有肉食性动物，也有植食性动物。其中一些与我们最早的现代哺乳动物非常相似，尤其是牙齿的形状。我们可能想了解"什么是原始动

物"。其中最出名的是负鼠，它在美国黑人民间传说中很有名，是家鸡的死敌。我们可能认为它只是一种动物，但科学爱好者则认为它是过去的遗留物种。它与原始动物有许多相似的解剖特征，所以与古老的二叠纪爬行动物鼬龙也有惊人的相似之处。当然，负鼠有皮毛，而爬行动物有鳞片，即便如此，负鼠的头部很大，有长而精致的下颚和锋利的牙齿，这些特征也与爬行动物十分相似。这种比较对那些寻找动物间联系的人来说非常有趣，因为它们能解释地球生命演化史中仍然神秘的东西，比如生物从低级到高级的进化，以及既定环境下维持生命所必需的脑力增加。图中顶部的巨喙爬行动物猛一看像一只大蜥蜴，它其实是另一种类似哺乳动物的植食性动物。科学家们认为，随着皮毛逐渐代替鳞片，血液的温度升高，这会激发出更迅捷的行为和更敏锐的思维，并促进动物更好地适应气候条件。新哺乳动物由古老爬行动物逐渐进化而来，能够在世界上占据一席之地，繁衍生息。它们的规模和种类不断增加，踪迹遍布世界各地。因此，我们可以在今天的负鼠身上找到这些早期生物结构的线索。

异特龙——侏罗纪

（取名自德国、法国、瑞士边界的侏罗山）

异特龙有着粗壮而奇特的后腿和后脚，类似鸟类，其前肢短小，爪子长且锋利，是真正的陆生恐龙。异特龙的头很大，下颚很长，长满了锋利的牙齿，走路时用又长又重的尾巴保持平衡，是古老的爬行动物中的一员，异特龙的身体构造和这些爬行动物十分相似，其中一些体型非常小，而另一些后期的动物几乎身长约 15.2 米。在这幅图中，这只凶猛的野兽正想咬死一个雷龙家族的小个子。雷龙是一种水生恐龙，当时它可能沿着沙质潟湖的湖岸缓慢游动，异特龙抓住了它。虽

然异特龙偏爱活食，但它无疑也会食用腐肉，大型雷龙脊椎骨上的齿痕就证明了这一点。当然，它无法捕猎雷龙也是因为雷龙太大了，即使是异特龙也无法在公平斗争中打败它。异特龙长约 7.6 米，结构轻巧、行动迅速，作为爬行动物，它相当机智，很容易就能抓住猎物，然后毫不留情地撕咬、抓挠，直至对手死亡。乍一看，人们可能会认为这些像鸟一样的长腿恐龙会像袋鼠一样跳跃，但这种关于它们前进方式的想法完全是错误的。这种相当僵硬且笨拙的生物确实像大多数鸟类一样行走或奔跑，先向前迈出一条腿，然后迈出另一条腿。一只拔光了毛的火鸡长着长尾巴和小前肢，有爪子而不是翅膀，很好地呈现了所有这些肉食性爬行动物的样子。事实上，当我们仔细研究这些爬行动物时，它们与鸟类的相似性变得越来越明显，正如我们稍后将在始祖鸟（鸟类爬行动物）身上看到的那样，始祖鸟是一种体型娇小的恐龙，有翅膀而不是前腿，它还有羽毛，这让它的外貌看起来更像鸟。适合异特龙繁衍生息的气候相当干燥，在某些季节几乎像沙漠气候一样，与今天佛罗里达州的气候并无二致。

侏罗纪也被称为苏铁植物时代，植被普遍稀疏，其中的一个物种现在被称为西米棕榈。然而后来，植物群变得更加茂盛，真正的棕榈树、香蕉树、红杉树和银杏树给这片风景增添了一丝优雅。比起我向你们展示过的任何生物，在那片风景中的生物更大、更奇怪、更可怕，它们在行走、进食、战斗，最终死亡。

雷龙——侏罗纪

如果说我们前文描述的生物外表非凡，那么我们该如何评价这幅展示侏罗纪画面中的巨大野兽呢？它们的脖子很长，头部很小，脖子和头在水面上雄伟地扬起。展现在我们面前的雷龙是一种蜥蜴，体型庞大，身长约 21.3 米，脑部较小，令人惊叹。雷龙（雷霆蜥蜴）是水生恐龙的典范。它几乎所有的时间都在水中度过，用指状牙齿咬断植物，以柔软的植物为食。雷龙可以在约 6 米深的水中涉水或在水底行走，修长的脖子和头部缓慢地移动，寻找食物，而小眼睛则监视着在海

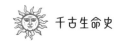

岸和海滩上巡逻的陆生敌人，比如肉食性恐龙。此时，伟大的恐龙部落已经在地球上存在了很长时间，分化成了不同的物种，有些适应了水里的生活，有些是陆地上的食肉动物，还有一些能在水中行走。雷龙由于体型庞大，几乎一直生活在水中，并且可能还有后代存活。剑龙（屋顶蜥蜴），即图中左侧陆地上的奇怪生物，显然是一种陆生生物。这只约7.6米高的怪兽背上，耸立着两排又高又薄的骨板，灵活的长尾上还长着四根伪刺。剑龙的头很小，看起来只是身体另一端的一个小结。毫无疑问，剑龙是一个低智商恐龙家族中最愚蠢的成员。然而，它是大自然生存法则的一个很好的例子，大自然如此武装它真正无害的孩子，对于一般的肉食性动物来说，光看着它们就立即失去了胃口，转而寻找其他食物。古往今来，各种各样的生物，无论是在海洋中还是在陆地上，都长出了各种可怕的鳞片、角等，通过这种方式，它们似乎能够逃脱灭绝的命运。一般来说，真正的杀手所装备的只是牙齿和爪子，它们一生都在用这些武器奋战。而剑龙唯一的敌人是变老以及变老之后无法获得食物。饥饿是它们最大的烦恼。

始祖鸟和翼指龙——侏罗纪

在漫长的历史长河中，大自然为她早熟的孩子们设计了多种运动方式：在水中游泳，在陆地上行走，而其中最困难的是依靠翅膀在空中飞行。几年前，在德国巴伐利亚发现了一种奇怪的鸟类生物——始祖鸟的化石，它是最初尝试飞行的生物之一。虽然它的尝试并不完全成功，但它是一个漫长谱系的先驱，最终诞生了优雅、强大的鸟类。精彩的空中表演让我们百看不厌。如果说在这些年来流传给我们的各种

遗骸中有什么宝藏，那一定是始祖鸟，这也是化石猎人心中的答案。因为这种比鸽子还小的生物，是拖着长长的尾巴且有鳞的爬行动物和有羽鸟类之间的过渡物种。始祖鸟的每根尾椎骨上都长有一对羽毛，翅膀上有爪子。虽然它没有真正的喙，但下颚布满了小而锋利的牙齿。它的脚类似于鸟类的脚。稀疏的羽毛覆盖了身体的一部分，脆弱的翅膀只能支撑这个纤弱的小生物在树枝间扑腾，或轻盈地滑向地面。

图中始祖鸟的下方是一种结构怪异的生物——翼指龙（意为有翼的手指），它有另一种飞行机制。这是一种非常有效的飞行方法，因为它使这种极小的爬行动物能够以很快的速度飞行，并在飞行时能捕捉昆虫和其他猎物。翼指龙的翅膀很奇特，与鸟或蝙蝠的翅膀截然不同，长长的尖端是延长的小指，其他指头保留为爪子。一层翼膜从指尖延伸到后肢的膝盖，在翼指龙行进时形成一个长长的翱翔表面。 这些飞行爬行动物的皮很厚，体型各异，有的比知更鸟还小，有的像飞机一样巨大，翅膀宽约 6 米。很久以前，翼指龙就从天空中消失了，但这种小型鸟类爬行动物的后代现在正与蝙蝠和昆虫争夺空中霸权。

沧龙——白垩纪

　　地球表面并没有，也从未完全稳定。虽然陆地和水域的面积及其相互关系保持不变，但经过漫长的地质时期，地球表面发生了巨大变化：温暖的浅海贯穿北美西部，从墨西哥湾一直延伸到北冰洋。在这片水域中，鱼类和大型海洋爬行动物相当活跃，其中沧龙（拉丁文学名 *Mosasaurus*，意为"默兹河的蜥蜴"）最为突出。它是一种巨大的长颚生物，全长约9米，身躯灵活，配有四个巨大的桨状肢。如果它一直生存到今天，一定会引发各种海蛇故事。在堪萨斯海滩上洗海水浴

将会变得非常危险，因为这种体型巨大的"海洋蜥蜴"可以一口吞下一个人。其他种类的大型爬行动物也曾在这片温热的海洋中游弋，它们死后，柔软的身体沉入海底的细淤泥中，最终变成完整的石化骨骼。今天，在移除周围的基质后，我们惊讶于它们巨大的体型，想象着5000万年前这些活生生的动物在白垩纪海洋中驰骋。由于这些动物都不能出水产卵，它们可能直接胎生幼崽，就像许多鲨鱼一样，这些幼崽出生时就已经完全成形，能够自己移动。

这只海怪的头顶上，翱翔着一只巨大的翼指龙，翅膀展开约有6米长。该物种与之前描述的不同之处在于，它有锋利的尖嘴，没有牙齿，后脑勺有一个长突出物，毫无疑问是方向舵，取代了一般的长尾巴。它的胸部肌肉很薄弱，无法扇动翅膀，我们很难理解这种奇怪的动物如何能从水中起飞。随着这个伟大物种的消逝，飞行爬行动物的种族也灭绝了。

戟龙——白垩纪

"我讨厌在黑暗中遇见它。"这句话在人们描述动物的言语中已经屡见不鲜，但用在这只看起来非常特别的恐龙身上，比用在大多数动物上更合适。然而，表象具有欺骗性，戟龙其实是一个温和无害的老家伙，它是植食性动物，武器只用来防御掠夺性的肉食性动物。戟龙头上伸出的巨大尖刺，加上鼻角和尖锐的喙状嘴，无疑使许多饥饿的暴龙或其他野兽望而却步，如果它们在戟龙的脖子后面咬上几口，短时间内就会结束戟龙的生命。三角龙是戟龙那丑陋的老大哥，它有一

个小鼻角，每只眼睛上方都有一个长尖角，还有一个巨大的没有尖刺的骨质头盾。这两种巨型生物都出现在恐龙时代晚期，即白垩纪末期。它们必须保护自己，抵御巨型肉食性动物。当时所有的物种都已经过于庞大、过于丑陋，即使它们没有意识到这一点，也注定要彻底消亡。大自然显然已经厌倦长满鳞片、巨大、冷血的动物，它们愚蠢、不适应环境、不思进取，却能长期存活。因此，世界将远离这些笨拙迟缓的蠢货，取而代之的是那些毛茸茸的、机警好斗的恒温动物。事实上，这些小生物早就在它们笨重的脚下存在很久了，甚至有时还会毁掉它们的蛋。然而，巨大的恐龙家族很难完全灭绝，至少在一段时间内，不同的恐龙在全球各地广阔的空间中漫步。像坦克一样身披重甲的恐龙四处游荡，而长腿、头与鸭头形似的半水生物种则沿着水道边缘觅食。这些看起来可怕但实际上无害的野兽竭尽全力赶走那些不断觅食的贪婪肉食者。巨大、怪异、笨拙的动物们在大地上起伏，高大的棕榈树下，粗糙而脆弱的灌木丛覆盖着大地，无论是在地面上还是在树上，凶恶的小型哺乳动物瞪着发光的眼睛，等待着伟大的爬行动物时代缓慢但不可避免地走向终结。

暴龙（暴君蜥蜴）——白垩纪

我们把最伟大、最凶猛的恐龙留到了恐龙生命故事的终篇，作为强大种族中最晚灭绝的庞大生物，暴龙确实应该留到故事最后。它比我们高出一大截，短而粗的脖子上，可怕的脑袋高达约 6 米。顺着轮廓往下看，从巨大的后肢、类似鸟类的脚，再到约 6 米长的尾巴末端，恐怖的感觉攫住了我们，这个强大生物给我们的第一印象是如此可怕。瞥一眼布满一排排锋利牙齿的强大下颚，以及在庞大的身躯下几乎看不到的细小前肢和爪子，这种可怕的印象会越加深刻。得益于它那高

大的身躯，它的一双明亮而能远视的眼睛可以看到广袤的大地，在它的视线范围内，任何植食性恐龙都会遭殃，除非它碰巧遇见的是一只体型庞大、武器精良的三角龙，在攻击三角龙这种体型巨大但实际上并无害处的长角怪物之前，暴龙可能会三思而后行。人们喜欢拿这种巨大的动物做文章，这可以理解，因为它的外表太可怕了。暴龙仿佛一台巨大的进食机器，食欲旺盛，永远不知餍足，而且几乎没有大脑。真的要对付某些恐龙时，它就会在猎物背上狠狠地咬上几口，迅速将受害者撕成碎片，吞进肚子里。暴龙是恐龙数百万年进化的结晶。从三叠纪到侏罗纪，从异特龙阶段到现在的巨大体型，不管是大恐龙还是小恐龙，暴龙和它的近亲（肉食性恐龙）都是按照同样的路线进化，这种进化显然很成功。与此同时，为了避开暴龙这样的杀手，植食性动物进化出了各种各样怪异和令人生畏的形态。无论如何，这些长满鳞片和尖刺的家伙早已消失，这也许是件好事，因为再也没有如此邪恶的生物在地球上行走了。

鸟类

早在白垩纪时期，就有鸟类了，它们下颚长有小牙齿，这一特征遗传自它们的爬行动物祖先。这里特别要提到一个化石种，它是一种巨大的类似潜鸟的生物，完全无法飞行，特别适合在水中生存。因为巨大的蹼脚位置太靠后，这位游泳专家根本不可能坐起来。毫无疑问，每当它从水里出来时，都会趴在沙滩或舒适的岩石上休息。也有体型较小的、可以飞行的鸟类，很像现在的燕鸥。后来，又出现了不会飞的巨型陆地鸟类，其中包括来自南美洲的巨型鹰状长腿物种。这种生

潜鸟

白头海雕

旅鸽

黄昏鸟

恐鸟

渡渡鸟

物的头很大，和马脑袋一样大，但它的翅膀很小，无法飞行。据我们所知，在早期世界中并没有长着羽毛的美丽生物。我们对鸟类化石的实际了解很少，因为这些飞行生物脆弱的骨骼很容易遭到破坏。随着时间的推移，我们在世界各地发现了许多物种，其中来自新西兰的巨型恐鸟就是一个重要的例子。这些恐鸟大约有 3 米高。毫无疑问，它们大量存在于太平洋岛屿上，直到大约 600 年前，南太平洋土著的到来摧毁了它们的天堂。他们迅速杀死并吃掉了这些毫无抵抗力、没有翅膀的粗腿生物。尽快逃离可怕的敌人是它们保证安全的唯一方法。今天，我们只能通过偶尔发现的蛋化石和一些散落的骨骼和羽毛来了解它们。从总体外观来看，它们类似于鸵鸟，脚又短又重，有四个脚趾，而不是两个，没有明显的翅膀，头也很小。

我们所熟知的另一个物种是渡渡鸟，它是鸽子的陆生近亲。15 世纪，登陆毛里求斯岛的葡萄牙和荷兰水手以同样的方式消灭了渡渡鸟。我们之所以知道这种非凡鸟类的真实面貌，是因为某位荷兰鸟类画家根据这种鸟绘制了一幅图画，画中展示了渡渡鸟 50 磅重的肥胖身躯、柔软的短羽毛、巨大的头和喙、还有一条特别小的尾巴。

另一种有趣的鸟类是无翅海雀，人们曾在北大西洋的某些岛屿上发现过这种鸟，但是它们现在已经灭绝了。

鲨鱼

　　在鲨鱼出没的水域，每当有人喊"有人落水了！"每个水手都会心惊肉跳。在这种时候，船上的全体船员都会加入救人的行动——放下小船，船员们疯狂地划向他们不幸的同伴，运气好的话，他可能会被救起，免遭鲨鱼毒手。大多数水手都对这种在深蓝海水中迅速游动的强大生物有着根深蒂固的恐惧，尤其是某些水手曾亲眼看见过黑雾状的鲨鱼群是如何迅速聚集到鲸鱼尸体周围，从漂浮的尸体上扯下大

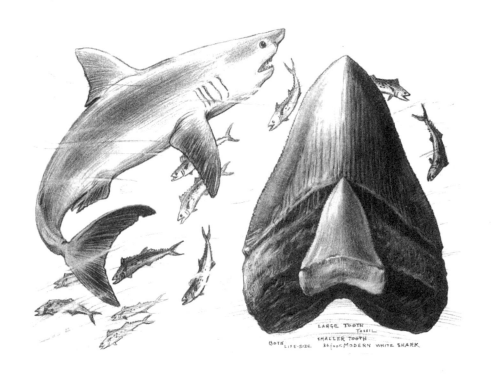

块肉，或者被用咸猪肉块做饵的尖利的鲨鱼钩刺穿。虽然并非所有的鲨鱼都会攻击人类，但图中所示的大白鲨无疑会在任何场合发起攻击。在图的右侧展示了两颗牙齿的真实大小，其中一颗比另一颗大得多。较大的牙齿呈三角形，像一个巨大的切割利器，这牙齿的主人是一种巨型史前物种；较小的一颗牙齿是从白鲨的嘴里取出的，白鲨身长约11米，是一种较新的物种。这块化石是一个巨大的野兽，可能有18米甚至24米长，有一张巨大的嘴，能够整个吞下像牛一样大的动物。这种怪物只能通过它的牙齿识别，因为鲨鱼的骨骼是软骨质的，很少保存下来。巨大的牙齿光是看上一眼，就足以让人毛骨悚然。非常幸运的是，这种鲨鱼已经不存在了，尽管吃人的鲨鱼体型较小，但也是一种非常危险的生物。今天，世界各地的海洋一如既往地充满了不同种类的鲨鱼，比如大嘴小齿的鲸鲨；双髻鲨，它们的眼睛长在从头两侧长出的扁平突起的末端；有斑点的虎鲨；尖鼻子的鲭鲨；数量巨大的角鲨。这些鲨鱼都是肉食性动物。角鲨吞食了我们海岸附近的大量龙虾，其他鲨鱼大多以鱼类为食。鲨鱼优雅、敏捷、贪婪、愚蠢，而且生命力非常顽强——对它们所捕食的生物来说，这些特质加在一起就意味着毁灭。它们的皮肤粗糙，像砂纸一样，看起来干巴巴的，与其他在海里游的鱼类不同。传统观念认为，鲨鱼必须翻转自身才能抓住食物。尽管这个想法非常普遍，但它实际上是错误的，渔民经常在自然环境中与这种动物打交道，按理说应该了解真实情况，但他们也这样错误地认为。

械齿鲸

这个巨大海怪的下颚很长，从它老虎般的笑容来看，在它那个时代，生活一定是一个残酷的笑话。那时食物充足，有大量闪闪发光的大鱼可供吞食，它还可以在温暖清澈的海中畅游。它属于哺乳动物一类，即所谓的鲸类动物（Cetacea），科学家认为它们在陆地上经过了无数个世纪的进化，之后又回到了水中。由于环境发生了改变，鲸类动物前肢退化，逐渐演变成桨状，后肢几乎完全消失，尾巴很大且扁平，有助于潜水和在水中前进。在美国南部的一些州发现了械齿鲸的遗骸。

如今，鲸鱼是所有生物中最大的，甚至可能是有史以来最大的生物。鲸鱼的种类很多，其中包括身长约30米的蓝鲸和露脊鲸。其他种类的鲸鱼大多因为人类为了获取宝贵的鲸油或其他产品而遭到捕杀，导致灭绝。鲸须是鲸鱼上颚边缘内一种特殊的角质，类似于密集的流苏。鲸鱼通过鲸须将大量的海水过滤出来，留下小型海洋动物作为食物。

抹香鲸有巨大的钝头，细长的下颚排列着一排尖尖的钉状牙齿。它们以巨型乌贼为食，压碎柔软的"触手怪物"并将它们大块吞下。鲸蜡是从抹香鲸的头壳或头骨中提取的油脂性物质，价值极高。

还有一种小型的鲸鱼被称为虎鲸，又叫"灰海豚"或"杀手鲸"，是生活在北方海域的恐怖生物。它可以吞下海狮，撕下大鲸鱼的舌头，甚至捕获并消灭鼠海豚。一个约1.8米长的鳍从它的背部直立起来，身体光滑，上面有黑白条纹。

还有白鲸和一种独特的生物——独角鲸，它有一根长度很长的、弯曲的长牙，从鼻尖笔直地向前伸出。

晚期爬行动物

我们已经了解了早期的爬行动物，在这一章我们将看到一些现代爬行动物，它们仍然具有早期爬行动物的某些特征。短吻鳄可能来自远古侏罗纪时代。加拉帕戈斯象龟也给人一种古老可敬的印象。科莫多巨蜥是巨蜥科（半水生爬行动物部族）的一个大型物种，现在生活在印度尼西亚、澳大利亚和其他东方国家。这只大家伙刚从南太平洋巴厘岛附近的科莫多岛来到纽约动物公园时，我就把它画了下来。这种英勇无畏的爬行动物最近才被发现，它们是科莫多家族中现存的最

大物种，其中一些身长可达 3~3.7 米，有锋利的牙齿和内弯的大爪子。人们捕获它们时，它们进行了激烈的反抗，最大的那只凭借其自身力量从陷阱中挣脱出来，成功逃脱。犀牛鬣蜥是西印度群岛上发现的一种体长约 1.2 米的鬣蜥，具有尖角和沉重的喉袋，其独特的头部形状让人联想到阿兹特克神像。犀牛鬣蜥的盔甲和许多动物的盔甲一样，纯粹是为了防身，虽然它在受到袭扰时会抓挠和撕咬，但并无杀伤力。即使是美洲西部沙漠中的小角蜥蜴，其本质也是一种蜥蜴，若将其放大

至恐龙的大小，外形会更加可怕。长颈重壳的加拉帕戈斯象龟是一种来自智利海岸附近加拉帕戈斯群岛的古老物种。事实上，我们认为这些古老的标本确实比其他任何生物都要年长（可能已有 200 岁）。

图片右下角是一只西部菱背响尾蛇，当它预备攻击时，它就会卷曲身体并发出警告声，将扁平的头和闪烁发光的眼睛朝向入侵者。它张开嘴巴时，紧贴在上颚的锋利长牙便会竖立，呈现出战斗姿势。死亡威胁就潜伏在这只闪烁发光的爬行动物盘曲的身体里。

早期象 —— 始新世

哺乳动物的进化历程在大象科中得到了全面体现。在不同的时代，这些有趣的哺乳动物的某些类型广泛分布在各大洲。在美洲，大象的历史非常悠久，早期的四牙长颌象，体型大小不一，逐渐为后来的短脸象取代。人们在埃及开罗南部的法尤姆沙漠里发现了最早的标本。曾经的湖泊（摩里斯湖）地区，有一个了不起的发现，人们发掘出了一些动物骸骨和各种水生动物骸骨。这是两具极早期的类象品种的骸骨——一具几乎还不算是大象，正朝着大象的方向进化，即所谓的始

猛犸象

始祖象

早期乳齿象

Courtesy American Museum of Natural History

49

祖象；另一具是完美的小四牙乳齿象，具有科学家们希望发现的所有特征，这对出去寻找它们的探险队来说是一笔丰富的财富。早期象通常有四颗门牙，而非犬牙。两颗长在上颚，略微向下弯曲，两颗长在下颚，与上门牙相接。早期象的下颚非常细长，与脸部粗短的现代象完全不同。现代象的下象牙已经完全消失，上象牙得到了极大的发展，这在猛犸象和伟大的现代非洲象身上尤为明显。最初，法尤姆地区的象种和一些后期象类身体较长，下肢较短，鼻子较小。然而，随着时间的推移，大象逐渐变得越来越高，鼻子也越来越长，以便它仍能接触到地面。猛犸象和现存的两种大象都有非常发达的长鼻（实际上是鼻子和上唇的延伸）。如果没有这根独特的象鼻，大象很快就会死去，因为大象用象鼻来呼吸，并用象鼻辅助喝水。大象把水吸到象鼻里，然后把象鼻末端伸进嘴里，再把水吹到喉咙里。但最重要的是，强有力的长鼻能收集食物，如干草、树叶和任何它想吃的东西，并把它们送到嘴里，充分咀嚼后吞咽。这幅插图展现了这些聪明的厚皮动物在数百万年的生存过程中，躯干、獠牙以及身体大小和形态的演变过程。

真猛犸象 —— 更新世

在西伯利亚、佛罗里达、阿拉斯加和法国等多个相距遥远的地方，人们发现了巨大的獠牙、硕大的腿骨以及少量碎肉和皮毛，这表明猛犸象曾经遍布世界。乳齿象是猛犸象的近亲，体形更小、更笨拙，主要分布在美国，尤其是纽约州，那是它们最喜欢的栖息地之一。早期的美国人是否见过乳齿象尚存疑问，但无论如何，在欧洲，我们的原始祖先确实见过巨大的真猛犸象，并与之搏斗，有时甚至将其食用。我甚至还品尝过阿拉斯加猛犸象的骨髓，阿拉斯加地区发现了许多这些

巨型动物的标本，它们仍然保存完好，皮和肉都附着在骨头上。这些伟大生物几乎整个冻在冰中，保存最完好的是在西伯利亚。它们浑身覆盖着厚厚的淡红色绒毛和毛发，耳朵很小，尾巴很短，还有向内弯曲的巨大象牙。可能是因为猛犸象肉质肥美的缘故，我们欧洲国家的祖先吃得津津有味，在巴尔干地区的某些地方还发现了许多年幼猛犸象的遗骸，人们敲碎它们的长骨提取骨髓。为什么这些聪明的动物会认为它们必须要面对北欧恶劣的冬天，这一直是科学家们的一大困惑。

但显然它们并不介意寒冷，并且食物也很充足。插图显示了早期的猎人试图用燧石尖矛猛刺一头受困的猛犸象，使其束手就擒。只有在极度饥饿的情况下，这些弱小的人类才会被迫铤而走险。其中一个人显然已经没救了，在高大的猛兽脚下，他只能无助地挣扎。那个时代，人和野兽的生活都很艰难。他们之间不断发生争斗，在大多数情况下，人类都是侵略者。人类凭借着超强的脑力，逐渐战胜了野外的所有的动物。

现代象

从体型上看，非洲象和印度象这两种高大的现代象都没有最大的猛犸象大，但对于我们这些从未见过猛犸象的人来说，它们的体型确实很大。通过实际测量，非洲象可能高达 3.4 米，不过通常情况下它们没有那么高，而 3 米的高度就远超印度象的平均高度。印度象中，美女象"朱厄尔"是马戏团象群中的"女王"，但作为一位"女士"，它没有明显的獠牙，而在非洲象中，公象和母象都有獠牙。今天，大型

象牙已经很少见，这些长牙动物中的大多数杰出代表都在很久以前就被杀死了。我特意从相同的角度描绘了这两个物种，以便我们可以轻松地将它们进行比较。朱厄尔的头顶显然比非洲象的头顶更高、更圆，耳朵小得多，象鼻更长，鼻型更精致。它虽然不那么高，但明显更丰满、更浑圆，下肢粗壮，而非洲公象的下肢又长又细，耳朵巨大，象鼻根部很粗。关于这两种伟大动物的习性和特征，可以写出大量的文章，尤其是关于印度象智力的故事更是比比皆是。然而，毫无疑问，大象非常精明，它们学习能力强，记忆力也很好。只要看一眼朱厄尔，就会发现它智力超群，而且看它如

此轻松地驾驭自己的大块头，服从命令，绕开障碍物，举手投足之间，"淑女"气质展露无疑，这确实是一种最有趣的视觉体验。非洲象应该没有那么聪明，尽管近年来它们已经接受了多种方式的训练，但训练效果不如它们的印度表亲。尽管如此，这些训练成果也显示了它们在这方面可以取得的进展。当然，目前没有比雄性非洲象体型更大的陆地动物了，它们后肢笔直，体表毛发非常稀疏，扇动着两只大耳朵。它站在一棵茂密的金合欢树的树荫下，巨大的灰色身影似乎代表了动物界中一切崇高的生物，而这些伟大生物注定很快就会永远消失。

犬科动物——从化石时期到现代

今天，在我们周围有各种各样、大小不一的犬科动物，我们却很少意识到，自然状态下其实并不存在这么多犬种，这些我们熟悉的犬科动物都是人工饲养的，为数不多的野生犬科动物大多是狼、狐狸、豺类，它们的耳朵尖而直立，尾巴上的毛发浓密。甚至家养犬的起源也蒙上了一层神秘面纱，其中一些品种，尤其是灵缇犬，在埃及艺术家的早期画作中就有所描绘。亚述浮雕中还展示了许多大型垂耳獒犬，这种犬种与其祖先的亲属相比，已经发生了显著的变化。确实有某些野生的犬种存在，但人们根本看不出来它们是狗。它们体型很小，严

犬熊

格来说是犬科动物，有点像浣熊，是从主要种群中分离出来的犬种。早期的狗化石与现代犬种并不相似。如图所示，犬熊体型巨大，身体比例和大小更像豹子，头小，背部弯曲，尾巴很长且下垂。在我看来，我们现在的大型麝猫在外观上与这些早期的犬科动物外形大致相同。埃及的画作中还绘制了一只指示犬和许多小型卷尾狗；偶尔，还会有一只温顺的豺狼与狼群一起奔跑。尽管过去几年的精心饲养已经极大地改变了松狮犬的外观，但我们家养的松狮犬、柯利牧羊犬、德国牧羊犬、萨摩耶犬和爱斯基摩犬或多或少都长得像狼。斗牛犬、狮子狗、腊肠犬、大丹犬等品种，要么体型巨大，要么是体型很小，不一而定。它们在野外不会存活太久，因为它们与正常狗的体型相差太大，正常狗的体型大约和小德国牧羊犬一样大。印度的野狗称为豺，尽管它看起来更像狐狸而不像狗，可能最接近我们的家养品种。然而，它与同伴成群狩猎，是一种执着而贪婪的野生动物杀手。在我看来，某种与豺并无二致的动物，或许更像澳洲野犬，可能是我们现在家养犬的祖先，无论如何，如果允许一些人工培育的犬种自由杂交，它们的后代通常是耳朵直立的中型"黄狗"。

猫科动物

　　如果有人问我，如何根据猫科动物的心理反应来区分它们，我的答案是："将狮子放在一边，将所有其他动物，包括老虎，放在另一边。"这是我多年来画这些大型野兽之后形成的观点，绝非偶然。事实上，猫科动物在结构上都出奇的相似，只有专家才能区分狮子和老虎的骨架。百兽之王在很多方面都与众不同。人们现在看到的精美照片充分展示了它的帝王风范和挺拔身姿，这些照片拍摄于非洲中部的荒原上，那里是它的故乡。在巨兽的家里，人们立即会注意到有多头巨兽（有时是 10 头或 15 头）一起睡觉、进食、打斗、狩猎，就像古老

的英国编年史家所说的那样，它们是一群"骄傲的巨兽"。面对人类，它们十分大胆又漠不关心。而老虎、花豹、美洲豹、美洲狮，以及所有其他种群，对人类仍然是冷漠、多疑和野蛮的。早期的猫科动物似乎更像剑齿虎，最终形成了所谓的老虎。它是一种威猛的猫科动物，张着巨大的嘴巴，长着细长的剑状牙齿，身体强壮，腿部粗壮，爪子很大。能够大大张开的颌骨是保障它生存的重要武器，这使得它的长獠牙的尖端能在向下攻击受猎物时发挥作用。它们就像响尾蛇的毒牙一样，能割断静脉和动脉，让倒霉的猎物失血致死。所有现代猫科动物都会张开嘴咬住猎物，将上下犬齿插入被攻击的动物体内，其方式与它们的大型前辈截然不同。作为杀手，猫科动物的表现非常出色，它们会缓缓爬向猎物，以迅雷不及掩耳之势，猛冲过去制服敌人。然而，如果猎物成功逃脱，猫科动物通常不会追赶它，因为它们很清楚自己在速度和耐力方面的局限性。我将真实的老虎画下来，与剑齿虎的图画进行比较，以显示它们之间非常明显的差异。通过仔细观察，我们发现剑齿虎并不是真正的老虎，而只是猫科动物早期的优秀代表。

拉布雷亚沥青坑

正如金矿矿脉对采矿者来说是至宝，化石骨床对化石猎人来说也是如此。几年前，在加利福尼亚州的洛杉矶，工人们在挖掘一个沥青坑时发现了一些散落的骨头，他们向有关部门报告，当地科学家当即对此产生了浓厚的兴趣。然而，起初少有人意识到骨骸的范围和种类之广，但随着发掘出的动物遗骸越来越多，其中涉及许多物种，他们才意识到这一发现的重要价值。随着资金和设备火速到位，挖掘工作

得以继续。为了保护骸骨坑不受侵占，热心公益的人士决定将这一地区建成城市公园。此后，数百甚至数千具骸骨被从周围糖浆般黏稠的沥青中移出，安放在当地的博物馆中。尽管现在看来这里平静祥和，但其阴暗的深处却长期笼罩着黑暗和可怕的悲剧气息。可能是沥青上层的水吸引了饥渴难耐的动物们，也可能是尘土覆盖了沥青表面，导致受害者们无法察觉危险，待它们反应过来想要撤退时，却为时已晚。无论如何，坑里埋藏着种类繁多的早期生物：巨大的猛犸象、乳齿象、野牛、马、骆驼、地懒、狼、剑齿虎、大狮子和无数种鸟类。除了上述这些，还有更多物种都曾在历史上某个时期惨遭灭顶之灾，最终被不断翻滚的沥青吞噬，粉身碎骨。我们眼前的这一幕，是这个死亡陷阱悲惨历史中的常见画面。一头小骆驼徒劳地挣扎，精疲力竭地倒下了，秃鹫、野狼和剑齿虎等掠食者被这场骚乱吸引过来。尽管它们似乎并不担心自己任何不谨慎的举动会招致灭顶之灾，但命运之手还是伸向了它们。在次日黎明到来之前，它们中至少有一部分将葬身于黑色深渊。如今，黏稠的黑色液体仍然从喷口缓慢渗出，但阴险的陷阱已不再以可怜动物的尸体为诱饵。今天，"恶魔"沉睡了。

虎

用"凶残的化身"来形容眼前这头野兽可怕的表情再恰当不过了。在黑白金三色的斑纹迷宫中，冷酷的绿眼睛瞪得像铜铃，巨口张开，露出闪光的獠牙，粗壮的喉咙里发出可怕的低吼，嘴边长长的胡须大胆地向前甩动。对于动物画家来说，这一切都令人非常困惑，在如此困难的条件下，要想保持头脑清醒并快速描绘这种稍纵即逝的表情，无

疑需要一点毅力。一只安静的老虎是一种画面，但一只被激怒的老虎又会呈现另外一种截然不同的状态。我特意选择了这幅画中的老虎，因为它身上展现了猫科动物的所有特征，而且可以自然推断出，在相同的刺激下，它和其他物种会作出同样的反应。与狮子等所有猫科动物一样，老虎是可怕的夜间杀手。鹿、牛、野猪、马，甚至人都会受到它的攻击。一旦这种猛兽尝到了人肉的滋味，就会变得极为危险，往往在它被捕获之前，一些印第安人社区就已惨遭覆灭之灾。大型猫科动物的活动范围广泛，无论是西伯利亚的严寒地带、温暖的丘陵地带，还是印度炎热的沼泽地区，或是苏门答腊岛热气腾腾的丛林中，都有它的身影。在其栖息地北部地区拍摄到的标本体型巨大，毛发浓密，腹部有很多白色斑点。越往南，老虎的毛发越短，但它们仍然体形硕大、斑纹鲜明。苏门答腊虎是同类中体型最小、颜色最深的一种，毛发呈明显的红褐色，几乎看不到白色。但无论我们在哪里发现它，它都是猫科动物中最优秀的代表，颜色艳丽，体态优美，举止高贵。它是世界上所有肉食性动物中最伟大的。

始祖马

博物馆的史前动物专业收藏家们总是在世界各地寻找有趣的新标本。在所有动物化石系列中，当然存在许多空缺，但我们非常幸运地发现了一种始新世时期的史前马，几乎可以延续至今。始祖马（异名黎明马）是一种非常古老且矮小的动物，与现代马是近亲。由于始祖马体型矮小（约30厘米高），与我们熟知的现代马有亲缘关系，它因此成为备受瞩目的焦点。距今约4000万年前，哺乳动物的世界开始

发生变化。有些物种注定要延续下去，有些物种则会在后世彻底消失，再无后代。我们的小始祖马虽然看似小巧脆弱，但因其具备快速奔跑的能力，得以幸免于难。被追赶时，它可以闪电般跃起，消失在灌木丛中，甚至可以从敌人面前溜走。若是我们仔细观察，会发现始祖马的蹄子与现代马不同，它的前蹄有四个脚趾，而不是一个；后蹄有三个脚趾，也不是一个。每个脚趾都覆盖着粗短的蹄甲，但这还不是真正的马蹄。之后，四趾马会逐渐进化成三趾马，体型变得更大、更优雅。在图片中，一小群体型娇小的动物正在逃离一只行动缓慢的巨型肉食性动物。这个大块头无法追上它们，因为它们跑得快。事实上，当时很少有动物能追上这些马，这无疑就是它们不断繁殖，体型、力量和速度不断增加的原因。我们不能把这种敏捷的矮小动物当作真正的马，因为当时的它与现代马几乎没有相似之处。始祖马是马科最古老的物种。

三趾马

这匹原始三趾马是一个敏捷的小家伙，在空旷的草地上飞驰而过。脚掌纤细，中趾粗大，这对于快速奔跑的动物来说是一个明显的优势，也表明三趾马在结构上向前迈出了一大步。随着时间的推移，它的身体变得越来越像现代马，甚至头部也呈现出马的轮廓：长鼻、长脸、脸颊深邃平坦、小耳朵，可能还有硬挺的直立短鬃毛。较小侧趾显然在三趾马进化的这个阶段没有多大用处，最终会退化成现代马所谓的

CHAS R. KNIGHT.
Courtesy American Museum of Natural History

腓骨。部分不使用的器官逐渐退化消失是自然法则，旨在使生物始终保持最高效率。速度快是马的一个特征，无论物种和年龄，都是如此。它们动作迅速、敏捷持久，可以在公平的比赛中超越任何追赶它的动物。只要没有一些肉食性动物在水坑里扑向它们，这些强壮的小动物就很可能活到自然死亡。任何研究史前马的人都会对其物种的数量和种类感到惊奇。人们认为一些体型粗壮、行动缓慢的马生活在森林中，但总体而言，尤其是在晚期，马主要生活在世界许多开阔的平原上，它们成群结队地生活，以开阔草原

上甜美多汁的青草为食。在这些地区，马的数量特别多，体格大小相差悬殊。最后，在进化的后期，它们出现了真马的特征——脚趾上覆盖着坚硬的圆蹄。对于现在的观察者来说，马、貘和犀牛之间似乎没有任何关系。然而，如果我们回顾这三种动物的进化历史，会惊讶地发现，在它们生存的某些时期，它们之间并没有太大的区别。因为在那个时代，犀牛还是一个没有角的瘦小家伙；貘看上去和现在没什么两样；马还没有进化出任何特殊的特征。

马

当英国国王理查三世疯狂地喊道："马！一匹马！我愿意用我的王国换一匹马！"他就已经戏剧性地展示了长期以来所有文明的人对这种传奇动物的重视。在更早的时期，石器时代的人们以更物质的方式"珍视"马，因为只要有机会，他们就会杀死并吃掉马。欧洲某些地区发现的巨大骨堆可以证明这个观点。在这些遗骸中，所有马的腿骨都被打碎，以获取有营养的骨髓，这种习俗似乎在原始种族中很普遍。后来的埃及人和亚述人都充分利用了这种强大而睿智的动物，他们的壁画和浮雕描绘了许多战斗和狩猎的场景，在这些场景中，马成对地

Courtesy American Museum of Natural History

拴在战车上或背上驮着士兵。长期以来，美国是无数野马的家园，这些野马种类繁多、体型各异，其中一些非常矮小，另一些则与现代品种一样高大甚至更高大。由于某种原因，当印第安部落遍布美国时，这些庞大的马群已经消失殆尽。事实上，第一批西班牙征服者带着战马登陆美国海岸时，北美印第安人对这些生物的体型感到震惊，认为它们是非常大的鹿。然而，他们很快就学会了欣赏这些马匹的驮运能力，许多平原部落开始依赖健壮有力的骏马，他们骑着战马穿越美国西部广阔的空地。后来，前往当地拓荒的先驱者向西寻找黄金和新家园，他们理所当然地骑着马和赶着马，而今天，牛仔们发现自己如果没有训练有素的小马就会束手无策。画中的普氏野马栩栩如生，是当今世界上仅存的真正的野马。它从未被驯化，从未被骑乘，肆意生活在山地草原和荒漠区域。欧洲的洞穴壁画绘制了一种很像普氏野马的动物——鬃毛短而直立，没有额鬃，尾巴毛发稀疏，身体结实，像小马一样。普氏野马的身体呈暗褐色，尾巴、鬃毛和下肢呈深棕色。

雷兽——渐新世

虽然这个名字听起来很威猛，但实际上翻译过来就是"大型动物"的意思。它当然是大型动物，因为有些物种肩高约 2.1 米，体重很重，头部又大又宽，鼻子末端有两个角质突出物，横亘在鼻子上，而不是与鼻子平行。这些"角"并不是真正的角，而是从头骨上生长出来的骨质组织，上面覆盖着一层硬化的皮肤。尽管具体用处很难解释，但它们一定对这种动物有某种用处。巨大的雷兽生活在美国和遥远的蒙古，几乎是哺乳动物早期时代巨大生物种族中的最后一个物种。起初，

它们体型较小，根据头部和身体形状，人们将雷兽分为不同的种类。虽然雷兽与犀牛没有亲缘关系，但它们有一样的生活方式——在广阔的空地上漫步，在溪流中沐浴，以当地丰富的植物为食。尽管当时肉食性动物的体型并不是特别庞大，力量也不大，但如果雷兽攻击一只离群的小牛，它们也能杀死它，就像现在的狼会杀死一头小水牛一样。雷兽虽然体型巨大，但脑容量很小，这可能也是它最终灭绝的原因。然而，这一点无法得到证实，人们想知道什么样的环境、瘟疫或灾难最终摧毁了一个看起来如此强大、如此有活力、能够自我保护的物种。但我们确实知道，在美国最后出现雷兽的时代，经常发生剧烈的火山爆发，随之而来的是大量的火山灰和灰尘，许多食物和水都被火山口的酸性烟气和熔岩覆盖、污染。因此，整个地区可能遭到摧毁，最后这些饱受困扰的野兽干脆躺下，彻底放弃挣扎。今天，我们在火山灰和烟尘沉积物下发现了它们巨大的骨骸，这就是它们在与自然环境的斗争中失败的无声证据。

犀牛

许多年前，纽约中央公园的小动物园里拥有一只精美的雌性非洲黑犀牛标本。它外形奇特，有两只长角，一前一后长在鼻子上方。它用这种方式武装自己，是一头危险的动物。由于其脾气暴躁、闷闷不乐、疑神疑鬼，饲养员们都非常害怕它。尽管体型庞大，但它行动却异常敏捷，走路或小跑时，它的步态独具弹性，每一步都把脚高高抬起。从外形上看，它体型颀长，浑身覆盖着一层厚厚的、粉红色的无毛皮肤。在进食以外的时间，头部和颈部都保持水平姿势。尖尖的嘴唇十分灵活，可以轻松抓取食物。有人给它喂食时，它就将嘴唇的尖端直直地向上翘起，呈现出一种乞求的姿态。它是一种奇特的野兽，

Courtesy American Museum of Natural History

黑犀牛

跑犀

是来自遥远年代的幸存者。

　　除了非洲黑犀牛，还有另一种犀牛，即非洲白犀（又称方吻犀），和三种亚洲犀牛，其中一种是印度犀（又称独角犀），它们共同组成了现代犀牛家族。中国人曾一度将印度犀的上翘牛角用作酒杯，认为此物可以避邪。这些酒杯是经过细致雕刻和精心镶嵌而成的精美艺术品。犀牛角的独特之处在于，它们长在犀牛的鼻尖上，仅通过坚韧的皮肤与鼻尖相连。犀角通体坚实，不像牛、绵羊、山羊和羚羊的角长在骨质核心上。人工饲养的犀牛拔掉犀角后，伤口可以很快愈合。过去，美国生活着大量不同种类的古老犀牛。这些早期物种体型小、速度快、犀角很小，有些甚至没有角。其中，跑犀是一种典型的早期犀牛，你可以从图片中看出它行动敏捷、脚步轻盈、善于奔跑，与当时的马十分相似，只是它的下肢更粗、脚更重。在俾路支和蒙古，发现了一种巨大的无角动物——俾路支兽，它是古今最大的陆地哺乳动物之一，其背高约 5 米。

披毛犀与人类

狂风肆虐的大雪中，这只长有大角的披毛犀向前猛冲，头猛地向上一甩，一位早期猎人的生命就此结束。之后，猎人的同伴将他的遗体抬回住所，仍没有放弃猎杀披毛犀的念头，因为他们太过饥饿，饥饿是可怕的驱动力。尽管这只额上长着两个长尖角的巨大红毛野兽可

Courtesy American Weekly Magazine

能会逃脱追捕，但它最终还是会屈服于北极的寒冬。几千年后，我们再次看到它那蓬乱、黝黑的身躯，保存得相当完好，从一些解冻了的草丛和灌木丛中被抬出来，运到科学博物馆，供人们慢慢研究。为什么像披毛犀这样活跃而强大的动物会选择在北方过冬，这是一个很难回答的问题。它无疑可以在冰雪过于猛烈之前南下，在气候温暖的地方生活。它可能是一种植食性动物，以树叶、嫩芽和植物嫩枝为食，就像它的几种现代近亲一样。当时气候条件恶劣，猎人和后来的农耕者肯定经常面临饥饿的情况。夏天，他们能够也确实找到了猎物，比如马、野猪和鹿，大雪纷飞的冬天最难挨，令人惊讶的是，他们竟然也能存活下来。他们运用石斧、长矛和弓箭等当时最有力的武器，为自己和家人提供足够的食物，这充分体现了人类的坚韧、智慧和勇气。早在此之前，人类就已经发现了火，还会用火烹饪食物、取暖和驱赶野兽。他们仍然居住在洞穴或岩洞中。在岩洞的墙壁上，可以看到野生动物和一些人类的画像。这些画有些技艺精湛，有些则稍显粗陋，但它们都竭尽所能地描绘出这些早期人类的生活，而他们的后代将在未来完全主宰这种生活。

鹿

长期以来，我们一直认为鹿胆小温顺，是一种可爱的动物。但在某些季节，尤其是秋季的交配期，它们可能会变得十分危险。雄鹿的鹿角发育完全之后，它们会变成一种绝对危险的野兽，特别是在被囚禁的情况下，它们已经失去了对人类的恐惧。此时，它们会拼命地与其他同种雄鹿搏斗，两只雄鹿的角常常紧锁在一起，很难分开。一旦发生这种情况，两只雄鹿都会死得很惨。鹿角是指鹿头上所长的骨质

黇鹿

驼鹿

大角鹿

罕角驼鹿

结构，每年脱落一次。新鹿角从老角脱落时开始生长，从茸质转变成骨质后，在秋冬季节长至最大尺寸，此时能发挥出最大威力。有了这些完美的武器，鹿感觉自己能够征服所处的世界，抵御野兽的攻击。小型鹿形态各异，早在哺乳动物时代便已出现，但这一种族在较晚期才进化出最完善的形态。大角鹿长着一对极好的角，两只角尖之间的距离约为 3 米，是最新发现的物种之一。它不是麋鹿，而是黇鹿（现在人们能在欧洲的 58 个公园里看到这种漂亮的动物，身上长有小斑点）的姊妹演化支，在爱尔兰的沼泽中经常发现其大量化石遗骸。雄性鹿的标本比雌性鹿和无角鹿的标本更为常见，这可能是因为雄性鹿的鹿角非常重，在饮水时容易使其失去平衡。罕角驼鹿是一种类似驼鹿的奇怪动物，但它并不是真正的驼鹿，而是一种史前物种，几年前在新泽西州的一个沼泽地里发现了它完整的骨骼。驼鹿本身是一种约 1.8 米高的庞然大物，从某种程度上说，是有史以来最大的鹿。它体型高大无比，躯干却非常短粗，头部巨大，掌状鹿角宽大，鼻子奇特，还有骡子般的长耳朵，这一切使它成为所有长角动物中的王者。它擅长游泳，以睡莲根和树皮为食，能以令猎人惊叹的速度穿越茂密的森林。

被圈养的驼鹿无法茁壮成长，因此除非处于野生环境中，否则人们不可能见到状态良好的驼鹿。生活在阿拉斯加的森林中的驼鹿最为出色。在美国缅因州和加拿大新不伦瑞克省发现的东部驼鹿，体型非常大，气势雄伟。欧洲的驼鹿与美洲的驼鹿非常相似，只是鹿角较小。

树懒

今天，树懒是一个微不足道的小物种。在南美森林中，只有两种小型树懒仍在树枝下爬行。但曾经有一段时间，这些小动物的伟大祖先分布在南北美洲大部分地区。大地懒是这个传奇物种中体型最大的一种，它力大无穷，但行动缓慢。

大地懒前肢巨大，上面长着粗壮的爪子，后肢短小粗壮，长有用于掘地的脚趾。臀部宽约 1.8 米，坐姿高约 4.6 米或更高。除了心智低下之外，从各方面来看，大地懒都确实是一个"巨人"。毫无疑问，它用巨大的前爪挖块茎和树根，尽管大

树懒

大地懒

雕齿兽

犰狳

地懒的外表令人生畏，但它无疑是一个爱好和平的怪物。只有受到同一地区的掠食者如剑齿虎等大型肉食性动物的攻击时，它才会自卫。大地懒的嘴呈管状，舌头很长，可以勾取食物，有时它会伸出舌头，卷住一些多汁的绿色植物，将叶子拉进它宽大的下颚里。幸运的是，我们对这种伟大生物的生前面貌有很多了解，我们不仅知道其相似物种毛发的颜色和质量，还知道它皮肤的质地和完整的骨骼构成。几年前，在巴塔哥尼亚的一个干燥洞穴中，探险家发现了大量与此相关的证据，此外还发现一些证据表明，一只巨大的磨齿兽（大地懒的一种）强行占领了这个洞穴，毫无疑问，这只磨齿兽后来被印第安人抓住。尸体周围长着大片的青草，骨头上的肉已经被剥去了，上面还沾满了干涸的血迹，看上去还算新鲜。如果大地懒算是长相怪异，那么我们又该怎么形容图中它脚下身披重甲的动物呢？巨大的甲壳和棍棒粗的尾巴下是它强大的肌肉和沉重的骨骼——我们称其为雕齿兽，是树懒和现代犰狳的亲戚。雕齿兽不能像犰狳那样将身体蜷起来，但由于它的体型和力量，它没有必要将自己蜷起。这些非凡的生物是无害的，它们全副武装进行防备，但最终还是灭绝了。直到今天，只剩下挂在树上的小树懒和少数种类的犰狳来代表这个曾经强大的物种。

野牛和狼

通常，我们认为佛罗里达州不是野牛的家园，但从已发现的生物遗骸中，我们知道它们曾经在佛罗里达州生活过。那时食物一定更加丰富，因为今天的佛罗里达州连少量营养不良的牛都很难养活，野生动物中最大的也就是鹿了。当时生活在佛罗里达州的野生动物中，除了野牛外，还有马、地懒、猛犸象，它们都是植食性动物，当然，还有肉食性动物来捕食它们。图中的野牛正遭到大型森林狼的攻击，这些狼是可怕的撕咬者，幸运的话，它们能够一口咬断这头野牛的跗关节，把它摔倒在地，让它毫无还手之力。看图时，你不仅能看到野牛巨大的体型，还会注意到它巨大的角，它的角比我们现有物种的角长得多。

据估计，在七八十年前，从加拿大到得克萨斯州的西部平原地区，游荡着大约5000万只这种美丽的动物，这几乎令人难以置信。20世纪80年代初，白人的出现导致它们濒临灭绝，在少数坚定之士的不懈努力下，这一曾经庞大的种群才得以留存下来数量可怜的幸存者，为后世留下珍贵遗产。如今，许多野牛在加拿大的荒野中繁衍生息，它们体型巨大，毛发浓密，已经习惯了严寒和冰雪环境。由于野牛是体型庞大的哺乳动物，我们应该为保护这曾经强大种族最后的幸存者而感到自豪。同样在欧洲，直到1917年，仍然还有为数不多的欧洲野牛，其中一些生活在一位俄罗斯贵族的大型公园中，几乎就像在野外一样自由。但不幸的是，在俄国革命期间，几乎所有欧洲野牛都被消灭了。然而，仍然有一些野牛存活在德国动物园里，但目前它们的生存状态也不明朗。可惜的是，这些强大的野兽在野外已经灭绝，种族几乎消亡。

大猩猩

"那个巨型野兽站起来了，拍打着胸脯，跑得飞快，大声咆哮，我开枪干掉了它，它就死在我脚边，我杀死了那个大猩猩。"著名的非洲探险家保罗·杜沙伊鲁（Paul du Chaillu）向我描述着他第一次猎捕大猩猩的经历。当时他的许多言论被视为无稽之谈，但随着时间的推移，此后其他猎人已经证实了他关于这种巨大灵长类动物体型、力量

和令人生畏的外表的大多数说法。画中那个昂首挺胸的动物是生活在芝加哥林肯公园动物园的布什曼（Bushman），重约180千克。这只强壮的动物明显态度不友好，它对我持有一定程度的敌意。如果我傻乎乎地走到它的笼子后面，它就会朝我扔来一连串水果、蔬菜、鸡蛋等物品，所有这些都证明布什曼不欢迎我，它采取这种侮辱性的方式来表示自己的不满。我上次去芝加哥林肯公园动物园的时候，布什曼非常暴躁，连饲养员都不敢从它的笼子后面经过。然而，它这次发脾气的原因却很难解释。也许这与它的年龄有关，它现在已经14岁了。一看到我，它就会站起来，居高临下地看着我，拍打着胸脯，想冲过笼子，用它的大手掌把我打倒在地。这种时候，它就是杜沙伊鲁所描述的"巨型野兽"。雄性大猩猩体型巨大，身高1.8米，胸部宽阔无比，肌肉发达。大猩猩有两种，一种分布在刚果，另一种分布在非洲西海岸。

洞熊与人类

要与巨型洞熊这样力量巨大、反应速度极快的怪兽搏斗，必须要有足够的勇气、力量和技巧。这只巨大的野兽和现代的熊一样，无疑也是一位拳击高手，它可以左右开弓，避开任何攻击自己巨大头部的武器，用凿子般的利爪进行猛烈的还击。这种庞然大物一定会令我们的史前祖先闻风丧胆，它不仅与人类争夺洞穴居住权，还会乘机偷窃

Courtesy American Weekly Magazine

人类储藏的食物。毋庸置疑，这些巨大的动物只要有机会攻击或咬伤人，就能在短时间内打败任何人。总体而言，洞熊并不像成群结队在乡间游荡的穴狮、鬣狗和巨狼那样具有威胁性，这些凶猛的肉食性动物常将手无寸铁的人类当作随口吞下的小吃。毫无疑问，人类经常把洞熊从洞穴里熏出来，当它们被烟雾熏得头脑昏沉地从洞穴出来时，人类就用石头或木器敲打其头部。在欧洲的某个地方就发现一个洞熊头骨，上面还插着一把石斧。洞熊在当时十分常见，欧洲的洞穴中发现了大量它们的骨骸。虽然它们体型庞大、头部巨大，但下肢却很短，因此它们不可能拥有科迪亚克棕熊那样巨大的体型。熊科有着悠久的进化历史。从牙齿来看，它们是杂食动物，几乎所有东西，无论大小，都是它们的食物。大灰熊会吃蚂蚁、蛞蝓、地松鼠、水果、坚果、蜂蜜（包括蜜蜂）、鱼、马、鹿、猪和许多其他东西。它们的饮食确实不缺乏维生素。对大多数人来说，熊是一种非常有趣的动物，尤其是在它幼年时期。然而，成年后的熊体型庞大，嘴巴奇特而猥琐，眼睛细小，肌肉发达，步态笨拙，其直立姿态与人相似，给人一种邪恶的感觉。